Die erfolgreiche Tagung

Rudolf Müller

Die erfolgreiche Tagung

planen - veranstalten - teilnehmen

Wirtschaftsverlag Bachem Köln

Die deutsche Bibliothek - CIP Einheitsaufnahme

Müller, Rudolf: Die erfolgreiche Tagung - planen - veranstalten - teilnehmen /

Rudolf Müller. - Köln : Wirtschaftsverl. Bachem, 1999

ISBN 3-89172-393-8

Einbandentwurf: Bettina Dyhringer
Titelfoto: Premium Stock, Photography GmbH, Düsseldorf
Gesamtherstellung: Druckerei J. P. Bachem GmbH & Co. KG Köln
Printed in Germany
ISBN 3-89172-393-8

Inhalt

Vorwort 11

Abkürzungen 14

Übersicht Die erfolgreiche Tagung 10

1 **Ziele und Allgemeines** 15

1.1 Objekt, Ganzheitlichkeit 15

1.2 Übersicht Tagungsformen 18

1.3 Tagungsinhalte 19

1.4 Tagungsziele und Teilnehmerziele 20

1.5 Techniken, die Aufmerksamkeit und Potential stimulieren 21

Übersicht Kapitel 1 25

2 **Lineare Tagung (LT)** 26

2.1 Klassische Vortragsveranstaltung 26

2.2 Atmosphärische Dimension 27

2.3 Aktive Formen von Vortragsveranstaltungen 28

2.4 Interaktive Plenumsveranstaltungen/Vorträge 30

2.5 Kommunikationsmarkt 32

2.6 Gruppenarbeiten im Plenum 32

2.7 Parallele Vertiefungsdiskussion 34

2.8 Referentenbetreuung durch Moderator 34

2.9 Sonderformen Podiumsdiskussion und „Fishbowl" 35

2.10 Resümee LT und Optimierung 37

Übersicht Kapitel 2 38

3 **Parallele Workshops (TPG)** 39

3.1 Grundform 39

3.2 Referentenvorstellung/ Auswahlentscheidung 41

3.3 Querinformation der Parallelveranstaltungen 43
3.4 Schlußplenarveranstaltung 45
3.5 Parallele Arbeitsgruppen 45
3.6 Sonderform Open Space (OST) 46
3.7 Resümee TPG und Optimierung 49
Übersicht Kapitel 3 50

4 GTG-Konzept 51
4.1 Grundform 51
4.2 Die atmosphärische Komponente 54
4.3 Ablauf GTG-Veranstaltung im Überblick 55
4.4 Besonderheiten bei der Stammgruppenorganisation 56
4.5 Zusammensetzung der Stammgruppen 60
4.6 Arbeitsaufgaben von Stammgruppen 61
4.7 Verdichtungsgruppen 63
4.8 Stimmungsbarometer 64
4.9 Lockere und intensive GTG-Formen 65
4.10 Große Tagungen mit mehr als 500 Teilnehmern 66
4.11 Tagungen ohne vorheriges Programm 67
4.12 Monitoring der Tagungsleitung 72
4.13 Ergebnis GTG 72
Übersicht Kapitel 4 74

5 Besonderheiten firmeninterner Veranstaltungen 75
5.1 Generell 75
5.2 Event-Veranstaltungen 76
5.2 Auf dem Weg zur Lernenden Organisation 78
5.3 Mitgliederversammlungen, Betriebsversammlungen 79
5.4 Betriebsfest/Wanderrallye 80
5.5 Unternehmensinterne Veranstaltung für Projekte 81
5.6 Die Zukunftskonferenz 86
Übersicht Kapitel 5 89

6 Nutzung des vollen Individual-Potentials (VPG) 90

6.1 Einführung: Synergie als Ziel 90

6.2 Optimierung von Entscheidungen/Zielfindung 92

6.2.1 Rollierende Bearbeitung mehrerer Themenkomplexe 94

6.2.2 Kontrollselektion 95

6.2.3 Konvergenz-Diskussion 97

6.3 Optimierung von Texten in der Großgruppe 98

Übersicht Kapitel 6 99

7 Elemente zur Stimulierung des Potentials 100

7.1 Körper-/Geist-Stimulierung durch Bewegung 100

7.1.1 Aerobic und isometrische Übungen 101

7.1.2 Kinesiologische Übungen 102

7.1.3 Suggestopädische Methoden 102

7.1.4 Bewegungsübungen, die Kerninhalte verankern 104

7.2 Kennenlernaktionen/Förderung 105

7.3 Rahmenprogramm 108

7.4 Technik und Mensch 110

7.5 Prägnantes Tagungsende 111

7.6 Die drei Tagungsformen im Überblick 113

Übersicht Kapitel 7 115

8 Organisatorische Einzelpunkte 116

8.1 Teilnehmerempfang 116

8.2 Namensschild 118

8.3 Tagungsmappe 120

8.4 Zeitplanung 121

8.5 Stuhlanordnung 123

8.6 Kombination Tagung/Vor- und Nachseminare 123

Übersicht Kapitel 8 124

9 Planung ... 125
9.1 Tagungsplanung ... 125
9.2 Marketing für Tagungen ... 128
9.3 Finanzielle Aspekte ... 129
9.3.1 Kalkulation ... 129
9.3.2 Weitere mögliche Einnahmen und Kostenersparnisse ... 130
9.4 Anforderungen an die Referenten ... 131
9.5 Aufwand für eine ganzheitliche Tagung ... 132
Übersicht Kapitel 9 ... 133

10 Tagungsziel erreichen ... 134
10.1 Übersicht der Instrumente ... 134
10.2 Kombinationsformen ... 141
10.3 Innovative Einstellung der Tagungsleitung ... 141
10.4 Erfolgsmessung ... 142
10.5 Resümee ... 143
Übersicht Kapitel 10 ... 147

Anhang ... 149
1 Formularentwürfe ... 151
1.1 Checkliste Material für Tagung ... 151
1.2 Kalkulationsbeispiel ... 152
1.3 Info für Workshop-Betreuer/Moderatoren ... 153
1.4 Info für die Moderatoren der Stammgruppen ... 154
1.5 Referentenbetreuung/-information ... 159
1.6 Generalorganisation für Helfer ... 164
1.7 Hotel, Tagungsstätte ... 165
1.8 Begrüßungstext in der Mappe ... 166
1.9 Stimmungsbarometer ... 167
1.10 Feedback-Formular ... 168
1.11 Formulare für VPG ... 169

2 Beispiele und Tips 171

2.1 Beispiel eines detaillierten Zeitplans GTG 171

2.2 Beispiel Einladung Open Space/GTG 173

2.3 Beispiel Eröffnungssketch 174

2.4 Beispiel Centering-Text 177

2.5 Beispiele für kreative 1-Minuten-Präsentationen 178

2.6 Beispiele für Lacherfolien 180

2.7 Beispiele für Integrationsformen 181

2.8 Beispiel Wanderrallye 182

2.9 Bewegungsübung „Unternehmensentwicklung“ 184

2.10 Bewegungsübung „Beginn mit Händereiben“ 185

2.11 Bewegungsübung „Der Mensch braucht bzw. toller Hirsch“ 186

2.12 Übersicht der wichtigsten Regeln für GTG 187

2.13 Tips für den Seminar- und Tagungsteilnehmer zur Förderung von Konzentration und Aufmerksamkeit 188

3 Hilfreiche Adressen 191

4 Weiterführende Literatur 193

5 Glossar 195

6 Stichwortverzeichnis 197

Firmenintern
- Motivation
- Entscheidung
- Umsetzung

Ergebnis
- Wissen
- Weitergabe
- Begeisterung
- Energie

Integration
- Reflexion
- Einbezug
- Verarbeitung
- Kontakt

Ziele
- Veranstalter
- Teilnehmer

Atmosphäre
- Sinne
- Stimmung
- Kreativität
- Persönliche Wärme

Formen
- Linear
- Parallel
- GTG-Konzept
  - 3 Ebenen
- Feste Untergruppen

Vorwort

Vor 20 Jahren, bei einer Tagung der Jungen Unternehmer, kam die Frage auf, wie Tagungen besser ablaufen können. Ich gab damals dem Vorsitzenden unter anderem den Tip, seine Ausführungen bei Grundsatztagungen mit ca. 70 sehr aktiven Unternehmern im Stehen und nicht im Sitzen vorzutragen. Im Stehen zieht der Vortragende eher die Aufmerksamkeit auf sich, das schien mir damals schon klar, ohne die Zusammenhänge zu kennen.

Dann fand ich heraus, daß manche der sehr aktiven Jungen Unternehmer lieber in die Stadt gingen oder geschäftliche Termine im Hotel wahrnahmen, als in den parallelen Arbeitsgruppen mitzuwirken. Darum erfand ich damals den Vorläufer des GTG-Systems (Ganzheitliche Tagung in Gruppen), welches den Kern dieses Buches darstellt. Ich wurde dabei ursprünglich inspiriert vom „Instrumentierten Gruppenlernen“ von Blake/Mouton. Fasziniert von dieser Methode habe ich selbst einige größere innerbetriebliche Veranstaltungen, die auch in diesem Buch angesprochen werden, durchgeführt. In den letzten 10 Jahren habe ich mich des weiteren mit aktiven Lehrmethoden und Suggestopädie, sowie auch NLP (Neurolinguistisches Programmieren) beschäftigt. Dabei sind die ganzheitlichen und „multisensorischen“ Verfeinerungen des Systems entstanden, die dieses Buch für alle Arten von Großveranstaltungen vorschlägt.

Mit diesen Erkenntnissen und diesem Vorwissen habe ich eine Fülle von Veranstaltungen besucht, vor allem im unternehmerischen Bereich sowie im Weiterbildungsbereich. Einige davon habe ich selbst verantwortlich organisiert. Aus diesem Erfahrungsschatz heraus entstand dieses Buch. Und je mehr ich auf die Durchführung und die Möglichkeiten von Tagungen achtete, um so mehr wurde mir bewußt, daß unendlich viel Potential von hochkarätigen Teilnehmern hier weltweit verschwendet wird. So entwickelte sich das Thema „stärkere Nutzung des menschlichen Potentials“ bei Zusammenkünften von Menschen in Besprechungen, Seminaren, Klausuren und insbesondere Tagungen immer mehr zu meinem Hobby.

Bislang hat sich noch kaum jemand damit befaßt, was die Teilnehmer von Tagungen erwarten. Die spärlich vorhandene Literatur beschreibt lediglich die organisatorischen Angelegenheiten. Ganzheitliche Vorgehensweisen sind nur in Ansätzen überlegt worden. Überlegungen zur Wirkungsweise, zur Produktivität von Tagungen wurden noch nicht angestellt.

Dies soll die folgende Geschichte verdeutlichen:

Die Tagung der Vögel

Es war einmal eine Gruppe von Vögeln, die sich die „Multis“ nannten. Sie flogen über das Land und erwarben sich dadurch viele Kenntnisse, daß sie weiter und schneller und höher flogen als gewöhnliche Vögel. Sie hießen Idur, Lorf, Trebor, Yrdah, und Gongwalf. Ihre Erlebnisse wollten Sie nun den Übrigen mitteilen und luden zu einer Zusammenkunft interessierter Genossen ein. Diese füllten Sie den ganzen Tag mit Demonstrationen des weiteren, höheren und schnelleren Fliegens bis spät in die Nacht. Sie merkten jedoch, daß immer weniger Vögel mitmachten, einige sich zwischendurch absonderten und in kleinen Gruppen sich austauschten und dabei nach Nahrung pickten. Ihr Programm hatte vorgesehen, zunächst alle zusammen die Demonstrationen zu machen, und erst am 2. Tag hierüber einen Austausch mit gemeinsamer Körnersuche abzuhalten, wie es die Vögel so gewohnt waren. So waren sie auch etwas enttäuscht, als am zweiten Tag kaum jemand wiederkam, viele davon eher entfernt herumschwirrten und pickten und sich nicht integrieren wollten.

Das quälte sie und ließ sie nicht schlafen. Die Gruppe traf sich am nächsten Morgen wieder zu gemeinsamem Höhenflug. Und während sie pfeilschnell durch einen Sturm flogen, kam Idur die Idee, am Rand der hohen Berge die Einsiedlermöwe Jonathan zu besuchen und um Rat zu bitten. Jonathan hörte sich das Problem der „Multis“ an und traf gleich den Kern: „Warum habt ihr nicht die natürlichen Bedürfnisse der interessierten Vögel berücksichtigt? Die wollen doch vor allem viel schwatzen und dabei picken. Eure Vorführungen machen viel Hunger, da alle mitmachen. Das könnt ihr doch nicht auf den zweiten Tag verschieben. Ihr dürft nicht nur daran denken, Euer Programm durchzuziehen“. So kam der Gruppe „Multis“ blitzartig die Erleuchtung.

Sie luden die anderen Vögel wieder ein. Gleich zu Beginn versammelten sich alle um einen großen Haufen Körner. Und die Zusammenkunft war nun sehr erfolgreich. Seitdem sind die Vögel schneller, höher und fliegen alle weiter ... aber das ist eine andere Geschichte.

Das Buch ist für zwei verschiedene Zielgruppen geschrieben. Zunächst für alle, die in Vereinen, Verbänden, Parteien und Unternehmen Veranstaltungen organisieren wollen und nach Anregungen suchen. Im besonderen Maße denke ich dabei an die unternehmensinternen Veranstaltungen. Hier ist m. E. der Wunsch am stärksten, das Potential aller zu nutzen. Für diese Zielgruppe habe ich zwei spezielle Kapitel geschrieben, die ebenfalls innovative Ansätze enthalten. Ich gehe dabei davon aus, daß die Leser schon Vorkenntnisse in der Organisation von Tagungen und größeren Veranstaltungen haben.

Im Überblick sieht der Aufbau dieses Buches wie folgt aus:

Im 1. Kapitel werden Tagungsarten und ihre Ziele dargestellt, aus Sicht der Verantwortlichen und aus Sicht der Teilnehmer. Hieraus folgt sogleich das Konzept der Förderung von Aufmerksamkeit und Behaltenswirkung.

Das 2. Kapitel stellt die Formen der klassischen „linearen" Tagung dar und zeigt die Möglichkeiten der Verbesserung durch die Atmosphäre und durch menschliche Integration auf. Das Buch entwickelt die Modelle der Tagungsformen spiralförmig. Schon die Beschreibung des linearen Ablaufs enthält interessante Ansatzpunkte zur Verbesserung. Diese werden dann in der Beschreibung der weiterentwickelten Tagungsformen nicht wiederholt. Sie sind natürlich auch bei diesen anwendbar.

Im 3. Kapitel werden Möglichkeiten zur Aufteilung in Parallelveranstaltungen aufgezeigt sowie die Frage der Zusammenführung der Informationen angesprochen.

Das 4. Kapitel stellt den ersten Höhepunkt des Buches dar und wird für die meisten Leser Neues bringen: das GTG-System mit 2 Ebenen von parallelen Gruppen optimiert den Aspekt der sozialen Integration der Teilnehmer. Dadurch wird eine noch stärkere Betonung der Atmosphäre möglich, weil die Teilnehmer offen für eigene Beteiligung werden.

Das 5. Kapitel ist speziell den innerbetrieblichen Tagungen gewidmet. Dabei stehen Aspekte der Unternehmenskultur und des Weges zur Lernenden Organisation im Vordergrund. Gerade auch die Lernende Organisation benötigt effiziente und ganzheitliche Formen des Zusammentreffens vieler Menschen. Eine Sonderform der Zukunftskonferenz wird beschrieben.

Im 6. Kapitel sind Möglichkeiten zur Nutzung des vollen Potentials aller Teilnehmer beschrieben. Wichtige Themen bei Visions- und Zielfindung, Problemlösungen und Entscheidungen rechtfertigen mehr Aufwand für optimale synergetische Ergebnisse und eine möglichst 100%-ige Einbeziehung von Kopf und Herz aller Personen.

Das 7. Kapitel faßt nochmals die allgemeinen Möglichkeiten der Stimulierung von Aufmerksamkeit und Nutzung des Potentials zusammen, wobei insbesondere der Aspekt der Bewegung und Kennenlernaktionen hervorzuheben sind.

Im 8. Kapitel schließt sich eine entsprechende Untersuchung organisatorischer Einzelpunkte an, angefangen vom Tagungsbüro.

Im 9. Kapitel werden die notwendigen Planungsschritte für eine erfolgreiche Tagung erläutert, wobei auch die finanziellen Aspekte betrachtet werden.

Nach einem 10. Schlußkapitel enthält das Buch als Anhang eine Fülle von Formularen und Checklisten für Moderatoren und Referenten bis zum Feedbackbogen. Der Anhang enthält darüber hinaus noch wertvolle Detailhilfen und Textbeispiele für einführende Sketches und kreative 1-Minuten-Präsentationen der Referenten.

Mein besonderer Dank gilt zunächst Prof. Dr. Hardy Wagner und Wolfgang Neumann vom Vorstand des GABAL e.V., die mich weitgehend experimentieren ließen und mich nur wenig bremsten. Des weiteren Hartmut Wagner sowie Rolf Ackermann vom SKILL-Institut, denen ich meine suggestopädische Ausbildung verdanke, und die die in diesem Buch beschriebenen Ideen ebenfalls in ihren Symposien aufgriffen und fortentwickelten. Auch meinem Bruder Robert Müller möchte ich danken, daß er mich im gemeinsamen Unternehmen in puncto Veranstaltungen völlig frei schalten und walten ließ.

Und nun viel Spaß beim Lesen.

Aschau-Sachrang, im September 1998
Rudolf Müller

Abkürzungen

Weil viele Begriffe sich sehr oft wiederholen, werden dafür meist die Abkürzungen verwendet:

GLT Gesellschaft für lebendige Tagung (fiktiver Name)
GTG Ganzheitliche Tagung in Gruppen
LT Lineare Tagung
OST Open-Space-Technik
TPG Tagung mit parallelen Gruppen
VPG Tagung mit Nutzung des vollen Potentials in großen Gruppen

Beachten Sie auch das Glossar am Ende des Buches.

1 Ziele und Allgemeines

Als wir das Ziel aus den Augen verloren hatten,
verdoppelten wir unsere Anstrengungen –
und engagierten noch einen Referenten mehr.

1.1 Objekt, Ganzheitlichkeit

In der heutigen Zeit besuchen immer mehr Menschen Tagungen, Kongresse, Symposien und ähnliche Veranstaltungen. Solche Veranstaltungen sind innerbetrieblich, fach- und berufsbezogen oder ganz allgemein öffentlich.

Es gibt zahlreiche Beispiele für Veranstalter von Tagungen:

- Bürgerinitiativen, Umweltschützer
- Politische Parteien und nahestehende Organisationen
- Vereine von Hobbys
- Wirtschaftsverbände und Berufsgruppen, z. B.
  - Ärzte
  - Unternehmer und Führungskräfte
  - Weiterbildner, Trainer, Personalentwickler
  - Wissenschaftliche Kongresse
- Firmenbezogene Großveranstaltungen
  - mit Mitarbeitern
  - mit Kunden oder anderen Außenstehenden

Nach einer Infratest-Studie des Deutschen Kongreßbüros (GCB) hatte der Markt der Kongresse 1994/95 ein Volumen von 43 Mrd. DM.[1] Am Ende steht meist die Erfahrung, daß solche Zusammenkünfte vieler Menschen, die im Durchschnitt 2,3 Tage dauern, recht steril organisiert sind, weil die Methoden ganzheitlicher Seminare einfach zu wenig einfließen.

---

[1] Nach einem Bericht der Zeitschrift Wirtschaft & Weiterbildung 4/96 S. 84. Die Zeitschrift Motivation (2/98) spricht von 60 Mrd., wobei auch Messewirtschaft beinhaltet ist (S. 105).

In der Zeitung ist dann zu lesen, daß eine große Tagung mit Tausenden von Experten, z. B. aus dem Bereich Umweltschutz, Klima oder Medizin stattgefunden hat und dort wichtige Erkenntnisse „diskutiert" wurden. Es drängt sich die Frage auf, was es der Mehrzahl der hochkarätigen Teilnehmer über das passive Kennenlernen hinaus wohl gebracht hat? Und mehr noch:

> Ob die Versammlung dieses Qualifikationspotentials in irgendeiner Form eine Synergie, einen Fortschritt, einen Sprung oder gar einen Durchbruch gebracht hat?

Was wäre anders gelaufen, wenn die Referenten einfach ihren Vortrag vor einer anonymen Masse gehalten hätten? Wäre nicht der Bericht der Medien gleich ausgefallen? Welche wirkliche Diskussion und kreativer Sprung hat in der Veranstaltung stattgefunden?

Bei dem in dem vorliegenden Buch dargestellten Ansatz geht es um die Aufnahmefähigkeit der Teilnehmer und deren Motivation. Es geht darum, was sich in deren Köpfen abspielt. Es geht letztlich um die „Produktivität" dieser Veranstaltungen.

Dabei werden alle Zusammenkünfte von längerer Dauer mit mehr als 20 Personen als Tagung bezeichnet. Die Dauer kann von 3 Stunden bis zu mehreren Tagen gehen. Bei einer Zeit unter 3 Stunden ist es i. d. R. ein normaler Vortrag (oder bei wenigen Teilnehmern eine Besprechung), für den die Gesetze der vielen Bücher, Cassetten, Videos, CD-ROMs über Rhetorik und Präsentation gelten. Dieses Buch will Hilfestellung für die längere Dauer bei größerer Personenzahl geben. Liegt die Teilnehmerzahl unter 20 Personen, so handelt es sich um eine Besprechung oder Konferenz.

Insofern handelt es sich nach diesen Abgrenzungen um eine Tagung, wenn mehr als 20 Personen länger als 3 Stunden zusammen sind. Dabei hören diese Personen entweder zu, oder sie sprechen miteinander und erarbeiten etwas. Natürlich sind das fließende Eckpunkte, aber sie sind doch hilfreich zum Verständnis.

Alle Tagungen haben verschiedene Ziele, nach denen sich der Ablauf richten sollte. Diese reichen von der Information, über die Wissensvermittlung bis zu „gemeinsamen" Erarbeitungen. Oft gibt es auch Mischformen. Bei innerbetrieblichen Seminaren steht oft die Motivation bzw. Einstimmung auf die Geschäftspolitik, Information über neue Produkte etc. im Vordergrund. In einem folgenden Abschnitt werden diese Ziele noch näher beschrieben.

Der hier vorgestellte Ansatz geht von einer Ganzheitlichkeit aus. Damit ist die Berücksichtigung des Körper-Geist-Seele Systems der Teilnehmer gemeint. Das sind gesundheitlich-biologische Bedürfnisse (Licht, Luft, Pausen, Getränke und Essen), soziale Bedürfnisse (Kontakt mit anderen Teilnehmern), eigene Artikulationsmöglichkeiten und generell die Möglichkeiten und Aufnahmefähigkeit des Gehirns bzw. seine Stimulation. Gerade bei letzterem sprechen wir von Stimulierung der Ressourcen.

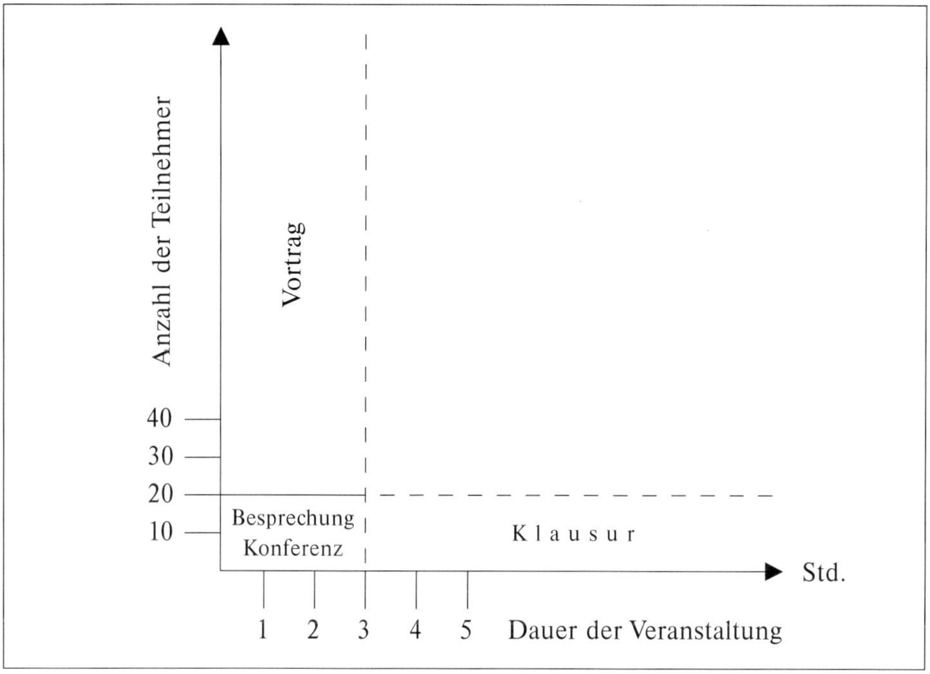

Abb. 1.1: Zwei Dimensionen von Tagungen

In normalen Seminaren werden diese ganzheitlichen Aspekte noch zu selten berücksichtigt. Wenn der Trainer darin Erfahrung und z. B. eine Ausbildung in Suggestopädie[2] hat, läßt sich ein Optimum erzielen. Mögliche Elemente dafür sind:

- Raumgestaltung und Dekoration
- Musik
- Bewegung
- Nutzung mentaler Phasen zur Förderung der Kreativität und Erzeugung innerer Bilder bei den Teilnehmern
- Kreative Formen der Präsentation/Visualisierung
- Einbezug der Teilnehmer
- Möglichkeiten zum Kennenlernen und Austausch der Teilnehmer und deren Förderung
- Sozialformen der Veranstaltung (z. B. Partnerarbeit, Kleingruppen).

[2] Ganzheitliche Trainingsmethode, die das Ansprechen aller Sinne des Teilnehmers in den Vordergrund stellt, bewußt stimmungsbeeinflussende und kreative Elemente einbaut und auf Sensibilität des Trainers/Referenten für das Befinden des Teilnehmers großen Wert legt.

Die Frage ist, wie diese Techniken bei größeren und längeren Veranstaltungen zu nutzen sind.

Die lineare Tagungsform ist die klassische Form. Die Tagung in parallelen Gruppen wird auch schon häufig angewendet. Das GTG-Konzept stellt eine innovative Form dar. In den nachfolgenden Kapiteln werden diese drei Grundformen beschrieben. Es wird aufgezeigt, wie die eine Form in die nächsthöhere Stufe übergeht. Das GTG-Konzept stellt in Bezug auf Effizienz und Beteiligung der Teilnehmer die höchste Stufe mit den meisten Möglichkeiten dar.

1.2 Übersicht: Tagungsformen

LT-Lineare Tagung	**TPG-Tagung in Parallelen Gruppen**	**GTG-Konzept**
(nur ein großer Saal)	(mehrere Säle)	(mehrere Säle, die abwechselnd den Stammgruppen und den Parallelveranstaltungen zur Verfügung stehen)
Plenum: Begrüßung	Plenum: Begrüßung und Ablauf	Plenum: Begrüßung und Ablauf
	Parallelveranstaltungen in verschiedenen Räumen	Konstituierung von Stammgruppen in verschiedenen Räumen
		Parallelveranstaltungen in verschiedenen Räumen
Plenum: Vortrag 1	ggf. Plenum: Vortrag	2. Treffen von Stammgruppen in ihren Räumen
Plenum: Vortrag 2	Parallelveranstaltungen in verschiedenen Räumen	Parallelveranstaltungen in verschiedenen Räumen
Plenum: Vortrag 3		
usw.	usw.	
	Plenum: ggf. Berichte aus den Parallelveranstaltungen	Weiteres Stammgruppentreffen, ggf. Abschied
Plenum: Farewell	Plenum: Farewell	Plenum: Farewell

Tab. 1.1: Drei Tagungsformen im Vergleich

1.3 Tagungsinhalte

Mögliche Inhalte einer Tagung bzw. Veranstaltung sind:

- Wissensvermittlung: z. B. durch einen Vortrag bei einem Kongreß

- Informationsvermittlung: bei einem Kongreß oder einer Betriebsversammlung, Neuigkeiten (zur Lage der Firma)

- Motivationstage bzw. Events: insbesondere verkaufsorientierte Veranstaltungen aller Art, oft auch innerbetrieblich für Großfirmen. Hierzu gehören natürlich auch ein- und mehrtägige Tagungen, die Unternehmen für ihre Kunden organisieren, um die neuesten Trends der Branche vorzustellen.

- Podiumsdiskussionen: dienen weniger der Wissensvermittlung und mehr der Darstellung verschiedener kontroverser Standpunkte. Sie sind vom Ablauf kaum besser als Vorträge, machen jedoch einen interaktiven Eindruck (Ersatzhandlung für die Teilnehmer). Dafür verzichten sie i. d. R. ganz auf Techniken zur Visualisierung.

- Kongresse: in ihnen sollen Formulierungen, Arbeitspapiere, Programme oder Politik unter Beteiligung von möglichst vielen Teilnehmern ausgearbeitet werden. Gerade bei Kongressen ist die Forderung zu erheben, das Potential der Beteiligten so optimal wie möglich zu nutzen.

Optimierung einer Tagung heißt natürlich Messung an Kriterien. Diese Kriterien sind letztlich die Ziele der Veranstalter, die jedoch auch die Bedürfnisse und Erwartungen der Teilnehmer erfüllen müssen, wenn die Aufmerksamkeit und ggf. Mitarbeit gewonnen und hoch gehalten werden soll. Dies gilt auch bei innerbetrieblichen Veranstaltungen. Ohne zufriedene Teilnehmer gibt es keinen Tagungserfolg.

Eine Ausnahme von dieser Regel stellen eigentlich nur politische Tagungen dar, bei denen der Veranstalter (z. B. Vorstand) einfach das Ziel hat, eigene Ansichten und das vorgelegte Programm durchzubringen, ohne eine Verbesserung durch den Einbezug der Teilnehmer wirklich zu wünschen.

Oft entsteht auch in Großveranstaltungen von größeren Unternehmen dieser Eindruck. Allerdings ist hier immer noch die Motivation vorhanden, neue Ideen aus dem Teilnehmerkreis aufzufangen und zu nutzen. Oft geschieht dies vor dem Hintergrund einer breiten Vorbereitung und vielfältiger Organisations- und Personalentwicklungsmaßnahmen.

1.4 Tagungsziele und Teilnehmerziele

Welches sind nun die Ziele der Beteiligten? Aus der Sicht der Veranstaltungsleitung sind die Ziele:

1. Vermittlung von Wissen und Informationen, die im Gedächtnis der Teilnehmer gespeichert werden, z. B. bei ärztlichen Kongressen.
2. Motivation der Teilnehmer für ihre Tätigkeit, ggf. auch zur Weitergabe an Nichtteilnehmer. Dies gilt auch für kundenorientierte Informationen. Ein besonderes Thema sind Mitgliederversammlungen von Verbänden sowie Betriebsversammlungen in Unternehmen. Diese laufen oft lieblos, ohne Motivationswirkung ab. Viele Möglichkeiten zur Aktivierung der Teilnehmer werden hier vergeben.
3. Änderung von Einstellungen und Sichtweisen der Teilnehmer (wie z. B. auch im Verhaltenstraining), insbesondere bei innerbetrieblichen Veranstaltungen.
4. Nutzung des Potentials der Teilnehmer für optimale Entscheidungen. Erhöhung der Umsetzungswahrscheinlichkeit der getroffenen Entscheidungen durch die Teilnehmer selbst.

Darüber hinaus gibt es aus der Sicht der Veranstaltungsleitung natürlich noch die betriebswirtschaftlichen Ziele: Kosten, Aufwand und Termine.

Den Teilnehmern sind diese Ziele meist wohl bekannt, wenn sie sich auch bei den Punkten 2 und 3 ihrer Beeinflußbarkeit nicht so bewußt sind. Aus der Sicht der Teilnehmer ergeben sich andere bzw. ergänzende Ziele für den Besuch einer Tagung:

5. Interesse an neuen Informationen und Anregungen, Methoden und Techniken
6. Das Gespräch mit interessanten Leuten
7. Notwendige Arbeitsinformationen bekommen
8. Persönliche Ansprache und Nähe zu Referent und Thema erleben

Dabei sollten die menschlich/biologischen Teilnehmerbedürfnisse nicht vergessen werden:

- Pausenregelung (Aufmerksamkeit kann kaum länger als 45 Minuten erzeugt werden)
- Gesunde Arten von Erfrischungen (Getränke, Obst) sind besser für die geistige Aufnahme
- Luft (Plenarsaal in Pause lüften)
- Bewegung verschaffen, ggf. organisieren
- Möglichkeit zur Artikulation eigener Gedanken schaffen (im Plenum sind es i. d. R. nicht Fragen, die offiziell gestellt werden, die Teilnehmer wollen eher Aufmerksamkeit bekommen und ihre Kompetenz unter Beweis stellen).

1.5 Techniken, die Aufmerksamkeit und Potential stimulieren

Um diese Anforderungen, Ziele und Bedürfnisse miteinander zu verknüpfen, gibt es eine Reihe von Methoden und Techniken, mit denen die Aufmerksamkeit gewonnen und ihr Niveau hochgehalten werden kann. Sie stimulieren das Gehirnpotential und erhöhen die Behaltenswirkung. Zudem wird die Motivation gesteigert, die Informationen weiter zu tragen und Entscheidungen umzusetzen.

Im folgenden wird ein kuzer Überblick über diese Methoden und Techniken gegeben. Bei der Darstellungen der einzelnen Tagungsarten werden diese noch näher im Zusammenhang ausgeführt.

Eine liebevolle Raumgestaltung, die eine besondere Atmosphäre erzeugt, spielt eine wichtige Rolle. Das kann z. B. ein Transparent sein, Blumen oder einstimmende Bilder und Poster. Dazu gehört auch ein sinnvolles und interessantes Gestalten der Beschilderung zu den Tagungsräumen.

Dem Empfang am Begrüßungstisch des Tagungsbüros als erster wichtiger Eindruck ist noch ein eigener Abschnitt gewidmet. Besonders dieser sollte eine persönliche Note ausstrahlen, denn die Teilnehmer wollen sich nicht als Nummer fühlen.

Sehr positiv wirkt ein kleiner Geschenkgegenstand (Give-Away) auf dem Teilnehmerplatz. Dies kann über Block und Kugelschreiber hinaus z. B. eine Praline, ein Lesezeichen, ein Samenkorn für ein 4-blättriges Kleeblatt oder ein Lineal sein.

Die Tagung selbst kann dann z. B. mit einem Sketch begonnen werden. Ein kurzer Dialog vorne erhöht die Aufmerksamkeit. Falls spezielle prominente Teilnehmer namentlich begrüßt werden, so ist zu empfehlen, daß diese kurz aufstehen und winken. Dies alles wirkt der Anonymität der großen Teilnehmerzahl entgegen.

Während der Vorträge sind Interaktionen zwischen Redner und Publikum von großer Bedeutung. Auch diesem Punkt ist ein eigener Abschnitt gewidmet.

Musik, die einfach immer Stimmung verbreitet und das Gehirn stimuliert, sollte ebenfalls nie vergessen werden. Dabei geht es nicht um einen allgemeinen Musikhintergrund im Foyer, sondern um gezielte Stücke bei einzelnen Phasen der Vorträge und der Tagung, z. B.:

- ein lebendiges Stück von Mozart beim Eintreffen der Teilnehmer morgens
- ein lauter „Tusch" vor den ersten Begrüßungsworten
- ein schnelles Stück für eine Bewegungsübung
- ein Stück als natürlichen Hintergrund für Centering und Integrationen
- für geübte Referenten (Suggestopäden) zum Unterstreichen in einigen Passagen der Präsentation

Der ganz wichtige Punkt der Bewegung wird in einem eigenen Abschnitt ausführlich mit Beispielen und Übungen dargestellt. Hierbei geht es um die Motivationswirkung und die Belebung des Gehirns mit mehr Sauerstoff. Miniübungen, die nur wenige Minuten erfordern, sind möglich. Sie müssen so spritzig sein, daß auch steife und ungeübte Teilnehmer spontan dabei mitmachen. Eine passende Geschichte, die dazu erzählt wird, erzeugt mehr Stimmung.

Die Einrichtung einer Referentenecke nach jedem Vortrag für persönliche Kontakte hält das Interesse weiter hoch und erzeugt Nähe. Hierzu muß ein Schild mit Namen aufgestellt sein. Der Referent wird dies auch am Schluß seines Vortrages ansagen. Dies ist zugleich ein Ventil für Teilnehmer, die sich selbst artikulieren wollen, ohne damit gleich alle Tagungsteilnehmer mit ihrer Selbstdarstellung zu belästigen. Eine Variante ist die Methode „meet the mentor" mit Tischen im Restaurant pro Referent (am besten abends).

Wenn die Tagung sehr groß und der Referent überlagert ist, reicht auch die Einrichtung von „Themenecken" im Foyer, insbesondere für die Pausen. Hier können diejenigen sich locker zusammengesellen, die ein bestimmtes Thema noch weiter diskutieren wollen. Damit solche Themenecken auch angenommen werden ist es nötig, diese im Programm anzukündigen. Zudem muß am Ende der Vorträge jeweils darauf hingewiesen werden. Sinnvoll ist auch, Mitglieder des Tagungskomitees bzw. die sog. Referentenbetreuer auf diese Themenecken zu verteilen.

Das Infoboard bzw. die Pinwand für Mitteilungen der Teilnehmer untereinander ist sicher bekannt. Eine liebevolle „künstlerische" Gestaltung, anhängendes Schreibwerkzeug und ggf. eine erste „getürkte" Mitteilung erhöhen den Nutzungsgrad.

Eine Pausenregelung, die menschliche Bedürfnisse beachtet, kann die Tagung nur erleichtern. Erfrischungen und Obst erhöhen zwar die Kosten, werden aber immer gerne gesehen. Auf einer ganzheitlichen Tagung sollten Sie deshalb nicht fehlen.

Von sehr großer Bedeutung ist die Rhythmisierung, d. h. der systematische Wechsel von

- der Vortragsform (Frontalvortrag, Entspannung und Teilnehmeraktivitäten)
- der Sozialformen (Plenum, Kleingruppe)
- der Präsentationsformen und somit auch der Technik.

Dies berücksichtigt den natürlichen Rhythmus des Menschen und seinen Wunsch nach Abwechslung.

Besonders die Möglichkeit zur Artikulation eigener Gedanken

- in einer spontanen Kleingruppe
- in den Pausen
- in kleineren Gruppen, die die Organisation vorsieht

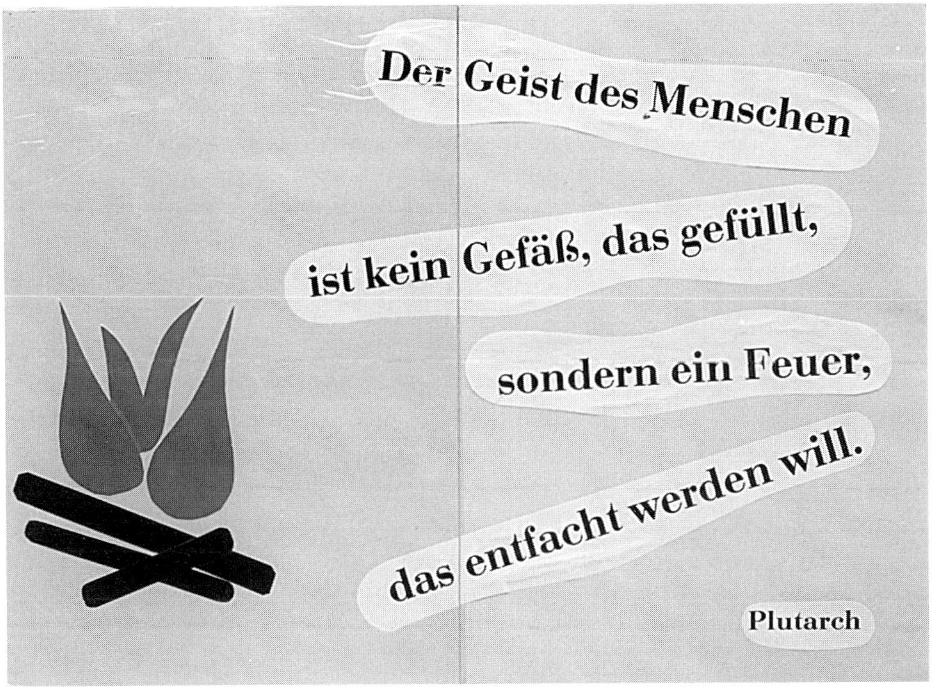

Abb. 1.2: Posterbeispiel 1

ist von großer Bedeutung und darf nicht fehlen, wenn die Bedürfnisse der Teilnehmer berücksichtigt werden sollen. Zugleich kann dadurch die eigene Reflexion und somit das Verständnis und die Behaltenswirkung verstärkt werden.

Insofern ist es nicht verwunderlich, wenn diesem Aspekt im Rahmen des Buches ein breiter Rahmen gegeben wird. TPG und GTG bauen den Gruppenaspekt systematisch aus.

Eine gute Möglichkeit der Artikulation der Teilnehmer kann mittels Moderations-Klebepunkten und elektronischen Abstimmungen erreicht werden. Dadurch sind auch Rückkoppelungen mit den Teilnehmern möglich und der Referent kann besser auf deren Wünsche und Prioritäten eingehen. Für die Teilnehmer ist dies immer interessant.

Bei diesem bunten Strauß an Möglichkeiten ist zu beachten, daß gerade die Kombination ihre Wirkung bringt. Man stelle sich einmal vor, wie das Element des Infoboards für die Teilnehmer wirkt: auf einer eintönigen sterilen Tagung werden sich darauf keine Notizen finden. Auf einer ganzheitlichen Tagung wird es vor lauter Kreationen überquellen.

Ein wichtiges Element ist die „emotionale" Einbindung (Integration) und Nähe, die die Teilnehmer bei einer Tagung empfinden. Im folgenden wird oft auf diese „Nähe" verwiesen. Sie entsteht gerade durch obige Techniken, aber auch durch überschaubare Personenanzahl in einem Raum. Infolge ist die Aufmerksamkeit und die Motivation der Teilnehmer höher.

Es können also schon winzige Kleinigkeiten sein, die einen großen Effekt auf die Atmosphäre haben. Es geht nicht darum, gleich auf einen Schlag aus dieser Fülle von Möglichkeiten alle umzusetzen. Jede Tagung muß da ihre passende „Dosierung" finden, was vom Thema und der Teilnehmerstruktur abhängt. Auch für die klassische LT-Form gibt es Möglichkeiten der Verbesserung.

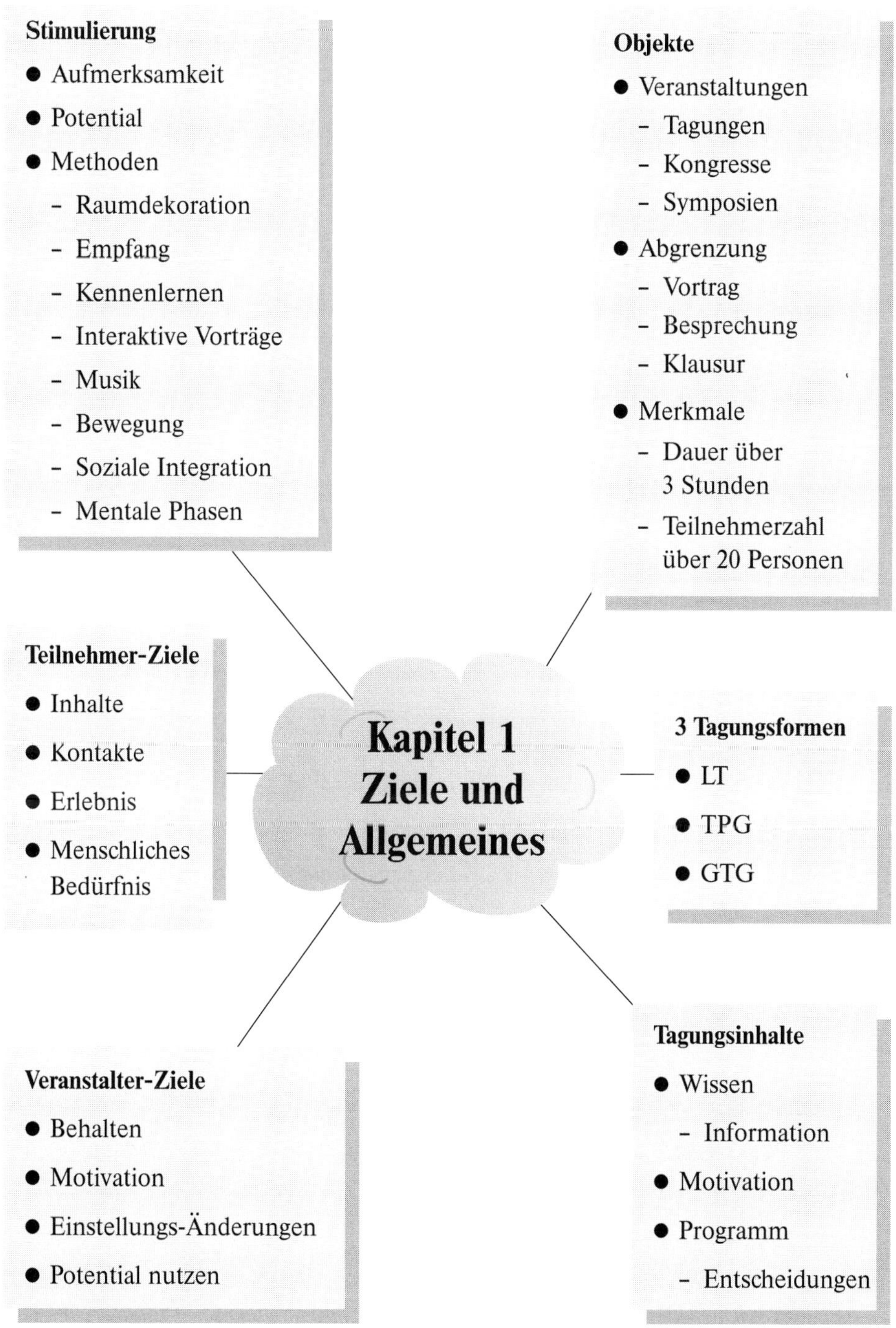
Kapitel 1
Ziele und Allgemeines
Stimulierung
• Aufmerksamkeit
• Potential
• Methoden
- Raumdekoration
- Empfang
- Kennenlernen
- Interaktive Vorträge
- Musik
- Bewegung
- Soziale Integration
- Mentale Phasen
Objekte
• Veranstaltungen
- Tagungen
- Kongresse
- Symposien
• Abgrenzung
- Vortrag
- Besprechung
- Klausur
• Merkmale
- Dauer über 3 Stunden
- Teilnehmerzahl über 20 Personen
Teilnehmer-Ziele
• Inhalte
• Kontakte
• Erlebnis
• Menschliches Bedürfnis
3 Tagungsformen
• LT
• TPG
• GTG
Veranstalter-Ziele
• Behalten
• Motivation
• Einstellungs-Änderungen
• Potential nutzen
Tagungsinhalte
• Wissen
- Information
• Motivation
• Programm
- Entscheidungen

2 Lineare Tagung (LT)

Jeder Mensch ist gleich und will alles mitbekommen.
Alle zusammen und Schritt für Schritt ist die Devise.

2.1 Klassische Vortragsveranstaltung

Die klassische Form einer Tagung besteht aus hintereinander ablaufenden Vorträgen, der sog. linearen Form. Alle Teilnehmer sitzen in einem großen Saal. Vorne agiert der Referent und legt schön gleichmäßig gestaltete Computerfolien auf den Overhead-Projektor. Nach einer, manchmal auch zwei Stunden ist eine kurze Kaffeepause im Foyer, dann geht es wieder in das Plenum. Das ist die einfachste Form einer Veranstaltung.

Fortgeschrittene Veranstaltungen lassen am Schluß eines Vortrages die Möglichkeit zu, Fragen aus dem Teilnehmerkreis zu stellen. Dabei melden sich immer wieder dieselben Teilnehmer. Bei guter Organisation sind einige Standmikrofone im Plenum verteilt. Insgesamt hinterläßt eine solche Phase in der Regel keine gute Erinnerung, weil sie meist langweilig wird.

Es gibt Tagungen, bei denen ein Hauptreferent die meiste Zeit bestreitet. Andere bieten häufige Abwechslung in den Referenten, was natürlich das Aufmerksamkeitsniveau höher hält. Dies geschieht durch den Effekt, daß jeder Referent anders redet und anders präsentiert.

Es drängt sich oft die Vermutung auf, daß die meisten Teilnehmer wegen der Kontakte mit anderen Teilnehmern kommen und weniger, weil sie sich viel von den Referenten versprechen. Denn auch bei der weltweit bekannten Wirtschaftstagung in Davos werden hauptsächlich Visitenkarten getauscht.

Diese lineare Form der Veranstaltung ist sowohl bei offenen Tagungen als auch bei innerbetrieblichen Anlässen verbreitet. Im letzteren Fall werden Vorträge vom Chef, von Führungskräften, innerbetrieblichen Experten z. B. aus der Entwicklung und natürlich von außenstehenden Referenten gehalten.

Das klingt alles sehr trocken und ist auch meist genauso. Aber glücklicherweise gibt es aus ganzheitlicher Sicht doch eine Reihe von Methoden, auch solche Tagungen erfolgreicher zu gestalten. So wird aus der klassischen LT die kreative/aktive LT. Hierzu müssen die Ziele der Veranstalter und der Teilnehmer stärker bewußt gemacht werden.

2.2 Atmosphärische Dimension

Die Techniken, die Aufmerksamkeit und Potential stimulieren, beziehen sich meist auf die Atmosphäre durch die dekorative Ausgestaltung der Räume und auf das Auftreten der agierenden Menschen. Das betrifft gleichermaßen den Plenarsaal als auch Events und Rahmenangebote. Dies ist ein Feld für die Kreativität von speziellen Agenturen, die von großen Unternehmen für wichtige Großveranstaltungen engagiert werden. Die Dekoration des Raumes kann aus dem Rahmen fallen oder Clowns mischen sich unter die Teilnehmer. Ja sogar die Kellner sind evtl. verkleidetes Motivationspersonal. Alles dient dem Zweck, die Kreativität und Offenheit zu stimulieren, den Teilnehmern ein Gefühl von Wichtigkeit zu geben. Emotionen werden geweckt, Nähe wird erreicht. Manchmal bleibt es vielleicht nur im Entertainment stecken.

Die Initiierung von kreativen Kennenlernaktionen der Teilnehmer kann dies weiter fördern. Anregungen dafür finden sich in dem späteren Kapitel über Stimulierung.

Auch ein kleiner Dialog von zwei Referenten, oder sogar ein Sketch, oft zur Eröffnung einer Tagung eingesetzt, geht in die gleiche Richtung. Er sollte aber nicht zu lange dauern, denn wie bei der Podiumsdiskussion flacht die Wirkung dann schnell ab. Einen Vorschlagtext für einen Sketch finden Sie im Anhang.

Eine aus der Suggestopädie bekannte Technik ist die Benutzung einer Handpuppe als Zwiegesprächselement. Diese stellt einfach Fragen, z. B. über Thematik, sachlichen Inhalt und Organisation. Bauchredner führen immer wieder in Perfektion vor, wie ein solches Element Stimmung und Motivation aufbaut und die Gedanken der Teilnehmer artikuliert. Dabei ist zu vermeiden, daß sie einen zu großen Zeitanteil haben, das macht die Teilnehmer unwillig.

Stimmung und Motivation tragen ganz entscheidend dazu bei, die Teilnehmer zu integrieren, besonders am Anfang einer Tagung. Nicht umsonst werden solche Instrumente bei Großseminaren von den eben erwähnten Größen eingesetzt, so z. B. von Jürgen Höller bei seinem Power-Tag in folgender Form:

„Als Beginn ist 10.00 Uhr ausgeschrieben. Viele Teilnehmer kommen frühzeitig, um sich einen guten Platz zu sichern. Aber die Türen des Plenarsaales sind verrammelt. Sie werden pünktlich geöffnet und alle drängen hinein. Auf der Bühne tanzt das Höller-Team einen Samba, Lichtorgel wie im schönsten Showbusineß, dazu weitere Helfer als „Claqueure" – und kein Teilnehmer kann sich auf dem Weg zu einem Platz der Stimmung und des Klatschens entziehen. Klar, daß anschließend beim Auftritt des Meisters jeder in Stimmung ist, bereit und aufnahmefähig."

Ganz so aufwendig muß es natürlich nicht immer sein, zumindest aber sind sehr persönliche Begrüßungsworte zu empfehlen, die vom Veranstaltungsleiter Kontakt mit den Teilnehmern aufnehmen und deren Gefühle ansprechen. Das kann neben deutlichem Augenkontakt mit einfachen rhetorischen Fragen nach der Befindlichkeit (der Fahrt, dem Wetter, dem Schlaf, der Vertrautheit mit den Örtlichkeiten etc.) geschehen.

Das ist schon ein großer Fortschritt bei linearen Tagungen. Auch die eigentlichen sachlichen Botschaften können in besserer Verpackung dargeboten werden, dies werden die folgenden Ausführungen zeigen.

2.3 Aktive Formen von Vortragsveranstaltungen

Eine aktivere Form der Vorträge selbst hält das Aufmerksamkeitsniveau der Teilnehmer hoch und erhöht die Behaltenswirkung.

Ganz allgemein wird dabei eine bildhafte Sprache, mit Bildern und Geschichten, vielleicht sogar Metaphern empfohlen.

Bei den Vorträgen sind Folien gerade nicht einheitlich zu gestalten. Auch ist es günstig, mal einc Karikatur, einen Witz aufzulegen, möglichst natürlich mit Bezug zum Thema. Das weckt auf bzw. hält wach. Ein Beispiel für eine sog. Lacherfolie findet sich im Anhang. Ein Verlag hat kürzlich eigens zu diesem Zweck eine Serie von Folien von einem Karikaturisten gestalten lassen.

Noch besser ist der Rückgriff auf direktes Schreiben auf eine Endlos-Overhead-Rolle, wie in der Frühzeit vor den Computerfolien. Auch bei schlechter Schrift und skizzenartigen Zeichnungen ist die Entwicklung auf der Projektionsleinwand immer noch aufmerksamkeitsfördernder als eine „Folienschlacht", die fast schon zum Film wird.

Folgendes ist also zu beachten:

1. Live Schreiben vor dem Publikum, um die Textmenge zu reduzieren
2. Bilder- und Lacherfolien mit maximal einer Zeile Text verwenden
3. Prägnante Sätze und Grafiken, schön gestylt mit Computer auflegen
4. Folien mit viel Text sollten vermieden werden

Findet nur ein einzelner Vortrag statt, muß die Latte natürlich nicht so hoch gesteckt werden. Folgen aber eine ganze Reihe von Vorträgen nacheinander, hat der Referent gleich verloren, wenn er mit konventionellen Folien oder gar ohne kommt und nicht mit seinem Thema und seiner Persönlichkeit gleich alle Teilnehmer beeindruckt.

Solche Präsentationstechniken sind natürlich bei den Größen des Seminargewerbes, die Seminare mit mehreren hundert oder gar über 1000 Teilnehmern frontal ablaufen lassen, bekannt und werden von ihnen virtuos gehandhabt. Wenn dazu noch eine Persönlichkeit kommt, die selbst die Elemente des Showbusineß in sich vereinigt, ergibt sich für die meisten Teilnehmer ein angenehmes Erlebnis.

Echte Behaltensanker (ein Begriff aus dem NLP) zu setzen erfordert allerdings mehr Sorgfalt als Show. Der Redner muß also verantwortlich mit diesen Techniken umgehen können.

Wenn ein 1- bis 2stündiger Abendvortrag mal etwas trockener ausfällt, läßt sich das sicher leichter aushalten, als ein ganzer Tag Trockenheit. Deshalb empfiehlt es sich für erfahrene Tagungsveranstalter, hier etwas nachzuhelfen und die Referenten zu inspirieren. Dies verlangt eine gewisse Einflußnahme im Vorfeld und eine entsprechende Betreuung. Im Abschnitt über die Referentenbetreuung durch Moderatoren und im Anhang finden sich dazu weitere Hinweise für das Vorgehen.

Generell kann als „Checkliste" für eine gute Visualisierung im Vortrag die Auflistung der 5 Sinne benutzt werden. Mit einem ganz einfachen Gegenstand kann mehr Aufmerksamkeit erzeugt werden:

- ein Hut, eine Kerze, Wunderkerze oder ein Feuerzeug verstärken die visuelle Wirkung jeder Folie;
- eine Flasche Parfum stimuliert den Geruchssinn;
- ein hochgehaltener Apfel oder eine Orange sprechen sofort die Geschmacksorgane an;
- eine Figur oder eine Puppe z. B. eines bekannten Sportlers assoziieren kinästhetische Elemente.

Am Ende eines Vortrages können z. B. die drei wichtigsten Kernpunkte aufgezählt und dazu mit bunten Tüchern jongliert werden. Das ist besonders passend, wenn die 3 Kernpunkte sich gegenseitig beeinflussen.

Eine weitere willkommene Abwechslung im Vortrag ist eine kurze geführte Entspannung durch den Referenten oder den Tagungsmoderator. Natürlich ist dies wirksamer, wenn sie mit Musik unterlegt wird, weil ungeübte Teilnehmer sich dann besser entspannen können. Für eine solche Entspannung finden sich im Anhang ein Text- und Musikvorschlag.

Seltener, aber noch wirksamer sind Fantasiereisen, die das Thema aufnehmen. Dies erfordert seitens des Referenten etwas Übung bzw. eine suggestopädische Ausbildung.

Diese mentalen Formen erscheinen nicht direkt als aktive Formen. Aber sie dienen der Gehirnstimulierung der Teilnehmer und erzeugen in ihnen innere Bilder und eine starke Beteiligung am Thema. Sie sprechen auch das Bedürfnis nach Entspannung an und erzeugen so Nähe.

Stark ist auch die Wirkung von interaktiven Abläufen, die die Teilnehmer mehr einbeziehen.

2.4 Interaktive Plenumsveranstaltungen/Vorträge

Zur interaktiven Methodik gehört, daß der Referent Zwischenfragen erlaubt und dazu ermuntert. Und klassischerweise gehört auch dazu die – wenn auch oft – sterile Fragerunde nach dem Vortrag. Es besteht allerdings die Gefahr, daß Teilnehmer lange Statements abgeben und mit eigenem Wissen glänzen wollen, was die übrigen langweilt. Oft sind die Fragen und Statements aus dem Publikum mangels Mikrofon kaum zu verstehen, was ebenfalls langweilt und damit den Aufmerksamkeitspegel absenkt.

Darüber hinaus existieren noch weitere Aktivierungsformen während eines Vortrages, die zu Interaktionen führen.

Ein bekannter Zeitplanpapst stellt z. B. bei seinem Vortrag mit ca. 300 Teilnehmern konkrete Fragen und die spontanen Antworter erhalten einen Preis: Praline, Mini-Plüschtier oder sogar das Buch „eines von ihm so geschätzten Autors“ (natürlich vom Referenten selbst). Er geht dabei direkt in das Publikum hinein, nimmt sozusagen ein Bad in der Menge. Dank moderner kabelloser Mikrofontechnik ist das heute kein Problem mehr. Diese Methode schafft viel Nähe. Die Teilnehmer gehen ständig aufmerksam mit (auch mit dem Kopf) und fühlen sich direkt angesprochen und einbezogen. Das ist nonverbal an ihrer Körperhaltung und ihren Reaktionen bis hin zu Lautäußerungen zu spüren.

Ein Professor für Direktmarketing hielt in einem Seminar mit ca. 150 Teilnehmern das Aufmerksamkeitsniveau durch folgende Aktion durchgängig hoch: In zwei Tagen waren 100 Folien durchzuarbeiten. Jeder Teilnehmer hatte auf seinem Platz als Arbeitsmappe Kopien dieser Folien, deren Inhalt nicht komplett war. Zusätzlich hatte er 3 farbige Filzschreiber bekommen. Nun präsentierte der Referent die Folien mit Overhead-Projektor und ergänzte sie mit Text und kleinen symbolischen Zeichnungen. Die Teilnehmer vollzogen diese Ergänzungen auf ihrem Platz mit.

Solche aktiven Phasen lassen sich auch alleinstehend einbauen, indem der Referent an bestimmten Punkten die Teilnehmer zur Reflexion auffordert. Hierfür sind evtl. schon bestimmte Formulare in der Teilnehmermappe vorgesehen. Die einfachste Form ist die Reflexion am Schluß „Was kann ich davon für mich gebrauchen?“.

Eine weitere Interaktion kann mit den aus der Moderations-Methode bekannten Klebepunkten geschaffen werden. Dies bringt gleich etwas Bewegung für die Tagungsteilnehmer mit. Wenn die Tagung mehr als 50 Teilnehmer hat, ist dies jedoch ungünstig während eines Vortrags. Diese Aktion läßt sich dann nur zum Abschluß einer Präsentation, vor einer Pause oder auch zu Beginn einer Veranstaltung einbauen. Die Fragearten beziehen sich auf:

- Berufe
- Erwartungen
- Herkunftsort (z. B. auch einer Landkarte)
- etc.

Anregungen hierzu finden Sie in der entsprechenden Literatur. Eine moderne technische Variante der Klebepunktmethode sind Abstimmgeräte mit sofortiger Computerauswertung und Sichtbarmachung über Display und Overhead. Diese Technik ist bei beliebiger Teilnehmerzahl einsetzbar.

Von besonderer Bedeutung ist auch die Bewegung in linearen Großveranstaltungen, die in einem späteren Kapitel behandelt wird.

Teilnehmer eines Robbins-Seminars mit über 1.500 (!) Teilnehmern berichteten auf die Frage, wie sie dieses bis nachts um 3.00 Uhr wach und aufmerksam gehalten hat:

- Klatschen lassen,
- Singen lassen,
- Aufstehen lassen,
- Partner begrüßen, mit Nachbarn sprechen.

Die Beispiele der Formen für aktive und interaktive Abläufe sind zwar offenen Tagungen entlehnt, aber alles Gesagte läßt sich gleichermaßen auf innerbetriebliche Großveranstaltungen anwenden. Bei dem späteren Kapitel über innerbetriebliche Tagungen wird dies noch deutlicher zum Ausdruck kommen.

Alle Formen der Einzelarbeit und Kleingruppenarbeit gehören ebenfalls zu den aktiven Formen. Der besseren Übersicht halber werden diese jedoch in den beiden folgenden Abschnitten gesondert dargestellt, weil sie die stärksten Möglichkeiten zur eigenen Artikulation und eigener Aktivität darstellen. Eine besondere Form der Gruppenarbeit ist der moderierte Kommunikationsmarkt, von dem es zahlreiche Formen gibt. Der Einstieg beschreibt die einfachste Form, am Ende wird eine Form dargestellt, die fast schon eine TPG ist.

2.5 Kommunikationsmarkt

Ein guter Einstieg, auch für eine lineare Form der Tagung, ist eine aktive thematische Einführung der Teilnehmer. Dies kann in Form des sog. Stationeninputs/Stationenlernens geschehen. Hierzu werden im Plenum oder im Foyer - oder auf dem Weg dazu - mehrere Stuhlkreise aufgebaut. Ein Informationsblatt gibt den Teilnehmern sachliche Information und regt zu Diskussionen an. Auch die Dekoration mit weiteren visuellen Informationen ist nützlich. Vielleicht wandern mehrere Experten herum, um Fragen zu beantworten. Dann erst beginnen die Expertenvorträge vor dem Plenum.

Etwas aufwendiger aber moderner ist die Organisation eines Infomarktes mit Techniken der Moderation für größere Teilnehmerkreise. Hierfür sind Pinwände mit hervorragender Visualisierung vorbereitet und Profis geben einen thematischen Überblick in Minivorträgen (wirklich nur wenige Minuten), wobei zwischendurch mit Karten und Klebepunkten eine Abfrage bzw. Beteiligung der Zuhörer stattfindet. Eine solche Aktion kann auch zwischen Plenarvorträgen eingebettet sein. Kennzeichen dieser Form sind parallele Aktionen an den verschiedenen Marktständen, oft in zeitlich geregelter Anordnung. Die Teilnehmer haben die Möglichkeit zur freien Zirkulation an den Ständen und können sich dabei die Themen aussuchen, die sie besonders interessieren. In der Regel sind dann bis zu 30 Teilnehmer direkt aktiv beteiligt, ggf. stehen noch weitere ohne Sitzplatz als Zuschauer dabei.

Es gibt Tagungen, die den Schwerpunkt auf einen solchen Ablauf legen. Damit wird die gesamte Veranstaltung sehr lebendig. Dabei wechseln sich Vortrag und Aktion ab. Hinzu kommen Sketche und Szene-Theater sowie alle in den vorstehenden Abschnitten bereits vorgestellten Techniken, um nicht nur Kopf und Verstand, sondern auch die Emotionen anzusprechen. Die lockere Atmosphäre gibt Schwung. Diese fortschrittliche Veranstaltungsform wird überwiegend von größeren Unternehmen genutzt.

Dieser Ablauf ist natürlich äußerst vorbereitungsintensiv. Es ist sinnvoll, wenn möglichst viele der Moderatoren aus dem Unternehmen kommen und firmenspezifische Themen vorstellen: Projekte und Produkte, Kampagnen etc. Auch die Mischung mit externen Referenten ist möglich.

2.6 Gruppenarbeiten im Plenum

Der Referent sollte optimal präsentieren und viele Interaktionen einbauen. Stärker wird die Verarbeitung des Lern- oder Hörstoffes unterstützt, wenn der Teilnehmer zur Reflexion aufgefordert wird (aktive Phase). Dies wird erreicht durch die Aufforderung, ein paar Sätze schriftlich zu notieren oder eigene Antworten zu geben. Auch wenn es nur eine einzige Minute ist, der Effekt ist positiv. Am besten sind hierzu entsprechende Formulare in der Teilnehmermappe enthalten.

Das ist ein guter Weg, Aktivität auch im Gehirn zu erreichen. Oft sind Teilnehmer jedoch zu passiv und lassen die eingeräumte Zeit verstreichen, ohne selbst nachzudenken.

Hier setzt nun als zweite Phase eine Form von Gruppenarbeit an, wodurch die Teilnehmer zur Formulierung eigener Gedanken angeleitet werden und die Vorstellungen anderer hören:

- Partnerarbeit (wenn die Stuhlreihen fest sind)
- Dreierarbeit (wenn Stühle verrückt werden können)
- Kleingruppe (bei variabler Bestuhlung und themenabhängig)

Damit wird dem Teilnehmer zusätzlich ein Ventil eröffnet, das eigene Bedürfnis nach Artikulation der Gedanken auszuleben. Des weiteren wird dadurch Nähe und das Kennenlernen der Teilnehmer erreicht. Oft wird sogar auf die Phase der Einzelarbeit verzichtet und direkt zu einer solchen „Diskussion" aufgefordert. Der Behaltenseffekt ist jedoch höher, wenn ausdrücklich die Einzelarbeit vorher angeregt wird.

Das Ziel einer solchen Gruppenarbeit kann sein, daß die Teilnehmer einer Tagung von mehr als 100 Teilnehmern in diesen Gruppen vielleicht Vorschläge zu Problemlösungen oder gar zu einem Leitbild, einer Vision machen. Jeder Teilnehmer schreibt einige Ideen auf (Einzelarbeit), dann werden diese ausgetauscht und ein verdichtetes Extrakt auf eine vorgegebene Menge von Karten geschrieben. Diese werden dann auf vorbereiteten Pinwänden angeheftet, die in der Regel schon eine Überschrift tragen. So bekommt die zentrale Moderation verdichtete und bereits vorgeprüfte Ideen aus dem Plenum in übersichtlicher Zahl, die weiter bearbeitet werden können. Diese Methode ist auch zu empfehlen für den Schluß der Veranstaltung als Resümee der Teilnehmer. Auch für Mitgliederversammlungen von Vereinen und Betriebsversammlungen eignet sich diese Methode gut.

Einige der im vorhergehenden Abschnitt genannten „Info-Tainer" beherrschen diese Gruppenarbeitstechniken gut und erhöhen dadurch zum Nutzen der Teilnehmer ihren Wirkungsgrad. Wenn solche Persönlichkeiten jedoch nicht zur Verfügung stehen, und wenn wirklich das Potential aller Teilnehmer noch mehr stimuliert werden soll, dann muß eine noch fortgeschrittenere Technik für Tagungen her.

Es gibt auch eine Veranstaltungsform, bei der zwischen den Plenarsitzungen spezielle tagungsrelevante Aufgaben durch die Teilnehmer selbst in Gruppen zu erledigen sind. Diese Form wird im anschließenden Kapitel TPG besprochen.

Eine weitere Form einer solchen Gruppenarbeit im Plenum (räumlich) ist die Aufteilung aller Teilnehmer auf die Ecken des Raumes, vielleicht auch noch einige im Foyer, wobei die Gruppengröße nicht mehr als 16 Personen betragen sollte. Nach jedem Vortrag findet systematisch statt einer Diskussion im Plenum eine Verarbeitung der Teilnehmer in den Teilgruppen untereinander statt. Die Wirkung ist enorm. Diese Methode der **„Teilgruppen im Plenum"** ist schon eine Übergangsmethode zum GTG-Konzept, welches in einem späteren Kapitel behandelt wird. Sie läßt sich jederzeit problemlos in LT-Veranstaltungen einbauen. Hierzu werden die letzten 10 Minuten des Vortrags statt der Fragerunde genutzt und die Pause 10 Minuten später angesetzt. Beim ersten Mal müssen 5–10 Minuten länger für eine kleine Vorstellungsrunde (ganz wichtig) eingeplant werden.

2.7 Parallele Vertiefungsdiskussion

Die parallele Vertiefungsdiskussion ist eine weitere Variante, um lineare Tagungsabläufe positiv zu gestalten.

Referent A hat das ganze Plenum. Am Ende und statt einer Plenumsdiskussion wird den Teilnehmern die Möglichkeit gegeben, daß Interessenten eine vertiefte Diskussion mit dem Referenten A im Nebenraum führen können, während der Vortrag B im Plenum läuft. Einige (ca. 10 %) gehen dann mit dem Referenten in diesen Nebenraum. Die Gefahr, daß zu viele abwandern ist nicht groß.

Wenn Referent B fertig ist, erfolgt die gleiche Aufforderung für eine Vertiefungsrunde parallel zu Vortrag C usw. Die für Referent A „Ausgewanderten" kommen dann zurück. Wichtig sind die räumliche Nähe und die zeitliche Koordination. Alle Referenten (bis auf A) haben dann bis zu 10 % weniger Teilnehmer, dafür noch die Möglichkeit der Vertiefung mit echten Interessenten.

Es handelt sich dabei im Grunde um parallele revolvierende Workshops, die für die wirklichen Interessenten eines Themas Nähe schaffen und eine lebendige Diskussion ermöglichen.

Diese Methode ist eine Zwischenstufe zum TPG-System.

2.8 Referentenbetreuung durch Moderator

Oft werden die Referenten eingerahmt durch einen Moderator des Veranstalters, der einleitende Worte spricht und auch die Schlußdiskussion moderiert. Wenn keine Fragen aus dem Publikum kommen, hat dieser Betreuer dann selbst einige Fragen parat.

Weil er vorher Kontakt mit dem Referenten hatte, ist er i. d. R. besser als das Publikum auf das Thema vorbereitet.

Im Grunde ist dies eine gute Technik, weil sie die Rhythmisierung fördert. Der Moderator ist oft auch eine dem Publikum bekanntere Person als der (Fach-) Referent, was somit mehr Nähe erzeugt.

Im Vorfeld der Tagung sollte der Moderator mit dem Referenten Kontakt aufnehmen, wenn dies nicht schon durch die Tagungsleitung geschehen ist. Hierzu finden sich Anregungschecklisten bzw. Standardschreiben an die Referenten im Anhang. Dies bedeutet, daß er sich darum kümmert, daß der Referent nicht zu trocken redet und möglichst Techniken für Interaktionen und Aktivitäten zum Einsatz kommen.

Hierzu muß er auf jeden Fall beachten, daß er nicht zu weit entfernt vom Referenten sitzt. So kann er ihn auch besser auf Zeitüberschreitungen etc. aufmerksam machen.

Es ist unabhängig von der Form der Veranstaltung vorzusehen, daß die Referenten nach der Tagung noch ein Dankesschreiben erhalten. Wenn ihnen auf der Tagung kein Geschenk (z. B. Buch, Getränk) überreicht wurde, wie es oft gehandhabt wird, und was ebenfalls die persönliche Atmosphäre der Tagung fördert, so sollte dies dem Schreiben beigefügt sein.

Bei einer kleinen und kurzen Tagung kann die Tagungsleitung mit dem Gesamtmoderator durchaus identisch sein. Mit zunehmender Größe ergibt sich jedoch die Notwendigkeit, die Moderation und damit Betreuung der Referenten auf mehrere Personen aufzuteilen. Davon gehen auch die Empfehlungen zur Referentenbetreuung im Anhang aus. Bei ausländischen Referenten ist eine gute Betreuung im Vorfeld und besonders während der Tagung wichtig, weil diese mit Örtlichkeiten und Veranstaltungskultur am wenigsten vertraut sind.

Die vorstehenden Hinweise beziehen sich insofern nicht nur auf die Betreuung des Referenten durch einen Moderator, sondern generell auf die Betreuung wie z. B. schon beim Einchecken bzw. bei der Begrüßung am Tagungsbüro. Schließlich hängt ein großer Teil des Tagungserfolges am Referenten und seiner „Tagesform“ bzw. Stimmung.

2.9 Sonderformen Podiumsdiskussion und „Fishbowl“

Eine bei Veranstaltungen oft angewandte Technik sind Podiumsdiskussionen. Sie dienen der Wissensvermittlung oder Darstellung verschiedener möglicher - meist politischer - Standpunkte. Sie sind vom Ablauf kaum besser als Vorträge, machen jedoch einen interaktiven Eindruck (Ersatzhandlung für die Teilnehmer). Dafür verzichten sie i. d. R. ganz auf Techniken zur Visualisierung, was äußerst nachteilig ist.

Der Moderator könnte hier versuchen, auf dem Overhead-Projektor Argumente mitzuschreiben.

Gerade dann würde sichtbar, wie wenig Substanz die „Diskussion“ oft hat. So wird die Möglichkeit vergeben, das Aufmerksamkeitsinteresse durch die Vielfalt der sprechenden Personen zu heben. Deshalb sind Podiumsdiskussionen kaum besser als ein klassischer Vortrag, der eher noch wirksamer sein kann, wenn er die oben aufgeführten aktiven Techniken nutzt.

Bei Podiumsdiskussionen mit politischem Hintergrund wird bewußt auf Polemisierung gesetzt (sog. „bayrische Art“). Sachliche Argumente werden kaum vorgetragen, die Emotionen erhöhen jedoch die Aufmerksamkeit.

Eine interessante Technik in diesem Zusammenhang ist die „Fishbowl“-Methode (Goldfischglas-Technik). Das bedeutet eine Aufteilung einer größeren Gruppe in Paare und folgende Vorgehensweise:

- Schritt 1: Gespräch von Partner A und B über das Thema
- Schritt 2: Gruppe A diskutiert als innerer Kreis, Partner B bilden äußeren Beobachterkreis
- Schritt 3: Partnerdiskussion A und B: kritische Analyse
- Schritt 4: wie Schritt 2
- Schritt 5: wie Schritt 3
- Schritt 6: Gruppe B ist nun im inneren Kreis. Partner A bilden den äußeren Beobachterkreis
- Schritt 7–9: wie die Schritte 3–5
- Schritt 10: Plenardiskussion über Inhalt und Ablauf

Aus dem dargestellten Ablauf wird deutlich, daß die Gesamtteilnehmerzahl so kaum größer als 40 Personen sein kann.

Diese „Fishbowl“-Technik ist noch praktikabler im Rahmen einer Tagung durch eine Variation mit folgender Vorgehensweise:

Delegierte verschiedener Gruppen der Tagungsteilnehmer (also nicht wie 1:1 oben, sondern vielleicht 1:16) kommen in das Goldfischglas (in den inneren kleinen Kreis), die übrigen Gruppenvertreter sitzen dahinter. Ein leerer Stuhl erlaubt es, den übrigen Teilnehmern kurz für einen Kommentar in den inneren Kreis zu kommen. Der Moderator achtet auf konkrete Beiträge des inneren Kreises und ermuntert auch Kommentare von außen.

Die Goldfischglas-Methode hat gegenüber der klassischen Podiumsdiskussion folgende Vorteile:

Abb. 2.1: Posterbeispiel 2

- Die übrigen Teilnehmer (Außenkreis) identifizieren sich mehr mit dem, was ihre Sprecher/Delegierten zum Ausdruck bringen und sind dadurch aufmerksamer.
- Es gibt Möglichkeiten zur Einflußnahme (Rücksprache in der Gruppe in einer Zwischenphase, ggf. direkte Aktion mit Besetzung des leeren Stuhles und Wortmeldung aus dem Zuhörerkreis).

2.10 Resümee LT und Optimierung

Es wurde deutlich, daß auch bei linearem Ablauf einer Tagung schon Schritte in aktive und interaktive Tagungsformen möglich sind. Hierzu müssen die Referenten für solcheAktionen und Interaktionen schon im Vorfeld beraten werden und es muß dies in der Gesamtorganisation mit berücksichtigt werden.

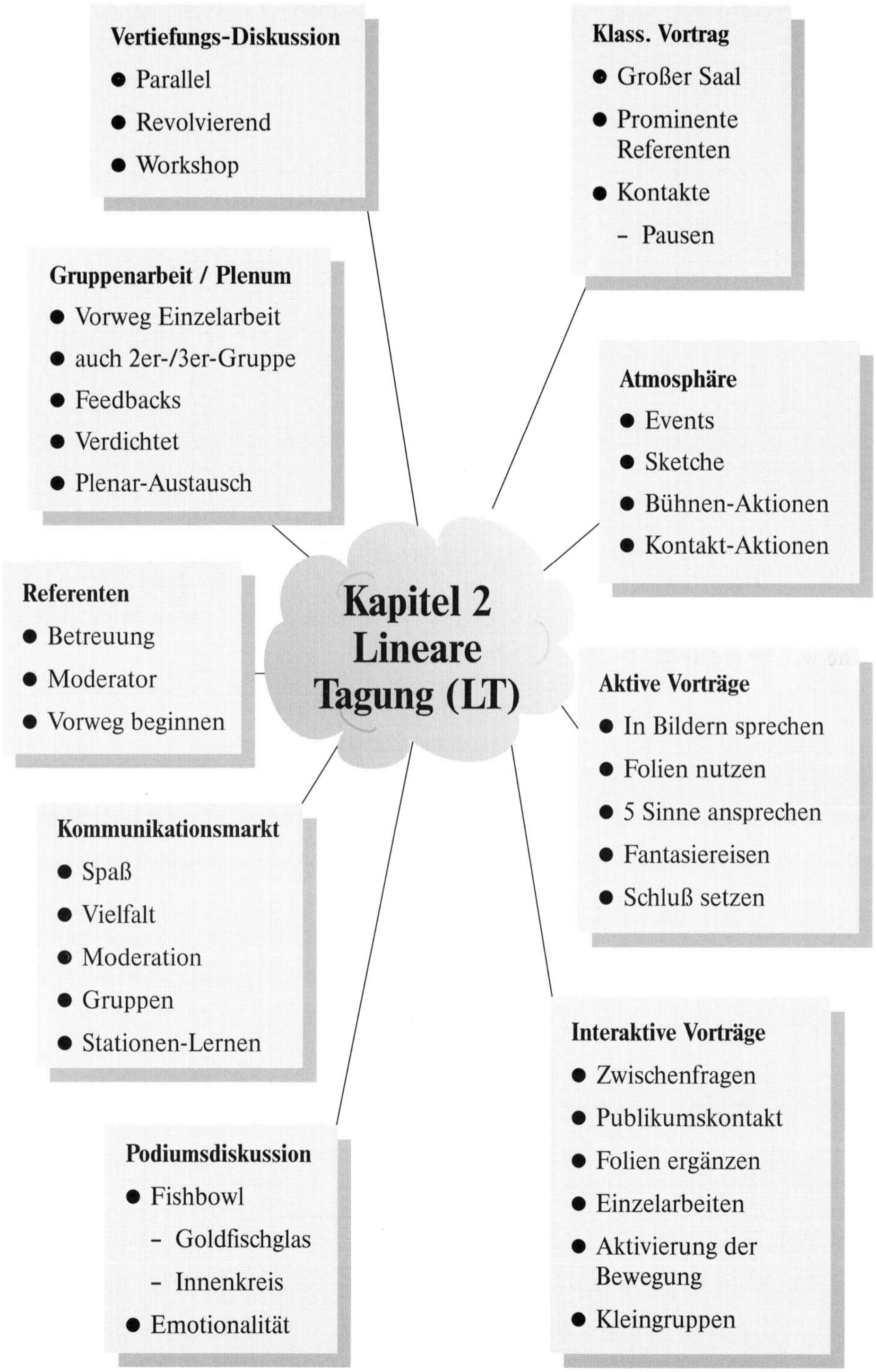
Kapitel 2
Lineare
Tagung (LT)
Vertiefungs-Diskussion
Parallel
Revolvierend
Workshop
Klass. Vortrag
Großer Saal
Prominente Referenten
Kontakte
- Pausen
Gruppenarbeit / Plenum
Vorweg Einzelarbeit
auch 2er-/3er-Gruppe
Feedbacks
Verdichtet
Plenar-Austausch
Atmosphäre
Events
Sketche
Bühnen-Aktionen
Kontakt-Aktionen
Referenten
Betreuung
Moderator
Vorweg beginnen
Aktive Vorträge
In Bildern sprechen
Folien nutzen
5 Sinne ansprechen
Fantasiereisen
Schluß setzen
Kommunikationsmarkt
Spaß
Vielfalt
Moderation
Gruppen
Stationen-Lernen
Interaktive Vorträge
Zwischenfragen
Publikumskontakt
Folien ergänzen
Einzelarbeiten
Aktivierung der Bewegung
Kleingruppen
Podiumsdiskussion
Fishbowl
- Goldfischglas
- Innenkreis
Emotionalität

3 Parallele Workshops (TPG)

Die heiße Schlacht am kalten Buffet zeigt
die mögliche intensive Teilnahme
und große Aufnahmekapazität des Menschen.

3.1 Grundform

Jeder kennt das: ein Festmahl mit 10 Gängen. Das ist schön bequem und verlockend. Man sitzt lange ganz festgezurrt auf seinem Platz, wird müde und es schmecken nicht alle Gerichte gleich gut.

Die Alternative dazu ist ein Buffet: jeder nimmt sich das, was ihm schmeckt und geht selbst hin. Das bringt Bewegung und auch Zusammentreffen mit anderen Gästen. Ähnliches gilt für Veranstaltungen mit Wahlmöglichkeiten der Teilnehmer. Diese suchen sich die Themen, die für sie wichtig sind.

Und was ist besser für Interesse und Genuß: bei linearem Verlauf auch einiges mitnehmen zu müssen, was nicht interessiert, oder bei parallelem Verlauf sich zu entscheiden und ggf. auf ein Thema zu verzichten? Man verläßt dann die Tagung mit dem Gefühl, daß man noch hätte mehr mitmachen können.

Mein Vater hat mir einmal folgendes Beispiel anhand einer Cola-Flasche erzählt, welches mir bei solchen Problemen immer wieder spontan in den Sinn kommt. Das ist der Vorteil von Metaphern! Die klassische Coca-Cola-Flasche war 0,25 l. Man trank sie und hatte noch etwas Durst auf mehr, freute sich auf die nächste Flasche. Mit dem Wirtschaftswunder kam die 0,33 l-Flasche. Man trank sie leer, und es war etwas zu viel. Welches Gefühl blieb dann?

Moderne öffentliche Tagungen verwenden immer öfter die Form der parallelen Vorträge, manchmal dann auch Workshops genannt. Unter einem Workshop versteht man, daß die Teilnehmer sich in kleineren Veranstaltungen mit mehr Nähe zum Referenten befinden, was die intensivere Verarbeitung und Rückkoppelung fördert. Dieses anzustrebende Ziel wird nicht automatisch bei parallelen Veranstaltungen erreicht, es ist aber dort einfacher zu realisieren. Zunächst entsteht nur eine Wahlmöglichkeit des Teilnehmers und ein kleinerer Teilnehmerkreis. Für einen optimalen Ablauf müssen in allen parallelen Veranstaltungen die Hinweise des vorhergehenden Kapitels beachtet werden. Diese Tagungsform wird dann Tagung mit parallelen Gruppen (TPG) genannt.

Hierbei ist es wichtig, die Zeit für alle Plenarveranstaltungen so weit wie möglich zu reduzieren. Unumgänglich sind:

1. Begrüßung
2. Ggf. Referentenvorstellung mit kurzer Inhaltsangabe (bei Wahlmöglichkeiten der Teilnehmer)
3. Ggf. Präsentation von Ergebnissen aus den Parallelveranstaltungen (bei Arbeitsgruppen, aber auch darüber hinaus, weil vielleicht nicht jeder Teilnehmer alles hat selbst erleben können, was ihn interessiert, nachstehend Querinformation genannt).
4. Abschluß und Farewell.

Natürlich muß die Tagung nicht auf parallele Workshops reduziert werden. Es finden sich oft Mischformen: z. B. am ersten Tag nur Vorträge, dann am zweiten Tag parallele Workshops. Oder vormittags Vorträge, nachmittags parallele Veranstaltungen. Oder einfach zwischendurch ein prominenter „Speaker". Die zuvor beschriebene Form des Kommunikationsmarktes stellt bei stärkerer Betonung auch schon eine TPG dar. Wenn der ganze Kongreß so organisiert ist, können alle Teilnehmer ihre eigenen Themen wählen und sich dabei aktiver beteiligen.

Es gibt natürlich auch Argumente, die gegen diese Parallelität sprechen:

1. Die klare Botschaft der Einladung wird verwässert.
2. Es entsteht ein hektischer Charakter, weil die Besucher gezwungen sind, den Raum zu wechseln, also desorientiert werden.
3. Bei den Teilnehmern kann das Gefühl entstehen, nicht alles mitbekommen zu haben. Es besteht die Gefahr, die falsche Entscheidung bei der Auswahl zu treffen.

Zu Punkt 1: Das Problem der klaren Botschaft ist sicher nur fallweise zu klären. Das hängt auch von der Homogenität oder Heterogenität der Zielgruppe ab. Ob linear oder parallel: die Themen der Referenten müssen zum Motto passen.

Zu Punkt 2: Punkt 2 ist der Gegenpol zum Rahmen dieses Buches. Wenn er stimmen würde, wäre es am besten, zu Hause auf der Couch zu bleiben. Es ist doch klar, daß eine äußerlich sichtbare Bewegung entsteht, wenn das Interesse ganz brennend ist. Wenn man annimmt, daß die Teilnehmer zu 100 % konzentriert und aufnahmebereit während 6–8 Stunden (ein Märchen) sind, dann sollte man sie auf ihrem Platz lassen. Sicher wird jedoch mehr beabsichtigt, die Ressourcen und die Kreativität der Teilnehmer zu fördern, was die Aufmerksamkeit erhöht. Der Einwand entstehender Hektik ist natürlich von Bedeutung. Dieser Hektik sollen aber die atmosphärischen Elemente sowie die menschliche Integration entgegenwirken.

Zu Punkt 3: Das Problem der Entscheidung wird im folgenden Abschnitt behandelt. Dabei spielt natürlich die Möglichkeit der Querinformation noch eine weitere große Rolle. Diese wird anschließend dargestellt. Dabei erscheint es sinnvoll, daß die Themenauswahl das Doppelte der möglichen Teilnehmer nicht überschreitet. In der Einladung ist auf die Möglichkeit der Querinformation, auch auf die Möglichkeit des Erhalts von schriftlichen Unterlagen aus allen Parallelveranstaltungen hinzuweisen.

3.2 Referentenvorstellung/Auswahlentscheidung

Die Vorstellung der Referenten im Plenum bei der Begrüßung erzeugt Nähe und wirkt persönlich und erleichtert eine Auswahlentscheidung. Aber automatisch stellt sich die Frage: sollen diese dann die Gelegenheit zu einem Kurzreferat bekommen? Dies möchten Sie gerne, weil Referenten lieber vor 200 als vor 50 Personen sprechen und mit dieser Kurzvorstellung praktisch für ihren Vortrag/Workshop werben können, der doch in Konkurrenz zu den anderen steht. Aber schnell ufert das Ganze aus. 8 Referenten, die jeweils 10 Minuten sprechen, das dauert schon 80 Minuten. Dazu noch Begrüßung und Organisatorisches, schon sind zwei lange Stunden vorbei.

Hier hilft das „30-Sekunden-System" (MILES). Es besagt, daß eine Kurzvorstellung von 30 Sekunden mit einer Zugabe von nochmals der gleichen Zeit ausreicht.

„Die Zukunft kommt wie ein ICE auf Sie zu. Sie müssen der Fahrer sein, die Richtung bestimmen. Dafür brauchen Sie das Know-How, meines Vortrages/Workshops über .... Wenn Sie zu mir kommen, dann erhalten Sie den richtigen Überblick, dann sind Sie nicht nur Beifahrer Ihres Lebens. Wissen ist Macht, und für gewußt wo und wie lohnt sich ganz besonders dieser Workshop. Ich zeige Ihnen die wichtigen Trends auf und gebe Ihnen wichtige Tips für die eigene Steuerung. Hören Sie das persönlich- wenn Sie nur davon lesen ist der emotionale Kick zur Umsetzung in Ihren Alltag zu gering und Sie verlieren den Anschluß. Kommen Sie also um ..... Uhr in den Raum .... und Sie werden von mir bereichert. Und sie bekommen auch die neuesten Informationen der amerikanischen Forscher X und Y gratis dazu. Wußten Sie schon, daß der Mensch locker 100 Jahre mit guter Gesundheit leben kann? Bedeutet das auch Marktchancen für Sie? Am meisten werden Sie von meinem Referat haben, wenn Sie im Marketing tätig sind und sich mit diesen Trends schon beschäftigt haben, weil ich davon einiges voraussetze."

Dieses Beispiel zeigt die Richtung und die mögliche Kürze für eine werbende Botschaft. Wenn es darum gehen soll, daß jeder Teilnehmer nachträglich zumindest einen deutlichen Einblick in den Inhalt jeder der Workshops/Parallelvorträge bekommt, so muß ein anderes Element eingesetzt werden, die Querinformation.

Ein weiterer Schritt könnte die Aufforderung an die Referenten sein, sich mit einem kreativen Gag vorzustellen und Aufmerksamkeit zu erregen. Wenn diese dann noch einen Kernsatz auf farbigem Poster geschnitten gestalten, die sich alle zu einer Blume oder gar dem Tagungsemblem fügen (auf einer Pinwand), so ist dies immer ein guter Auftakt.

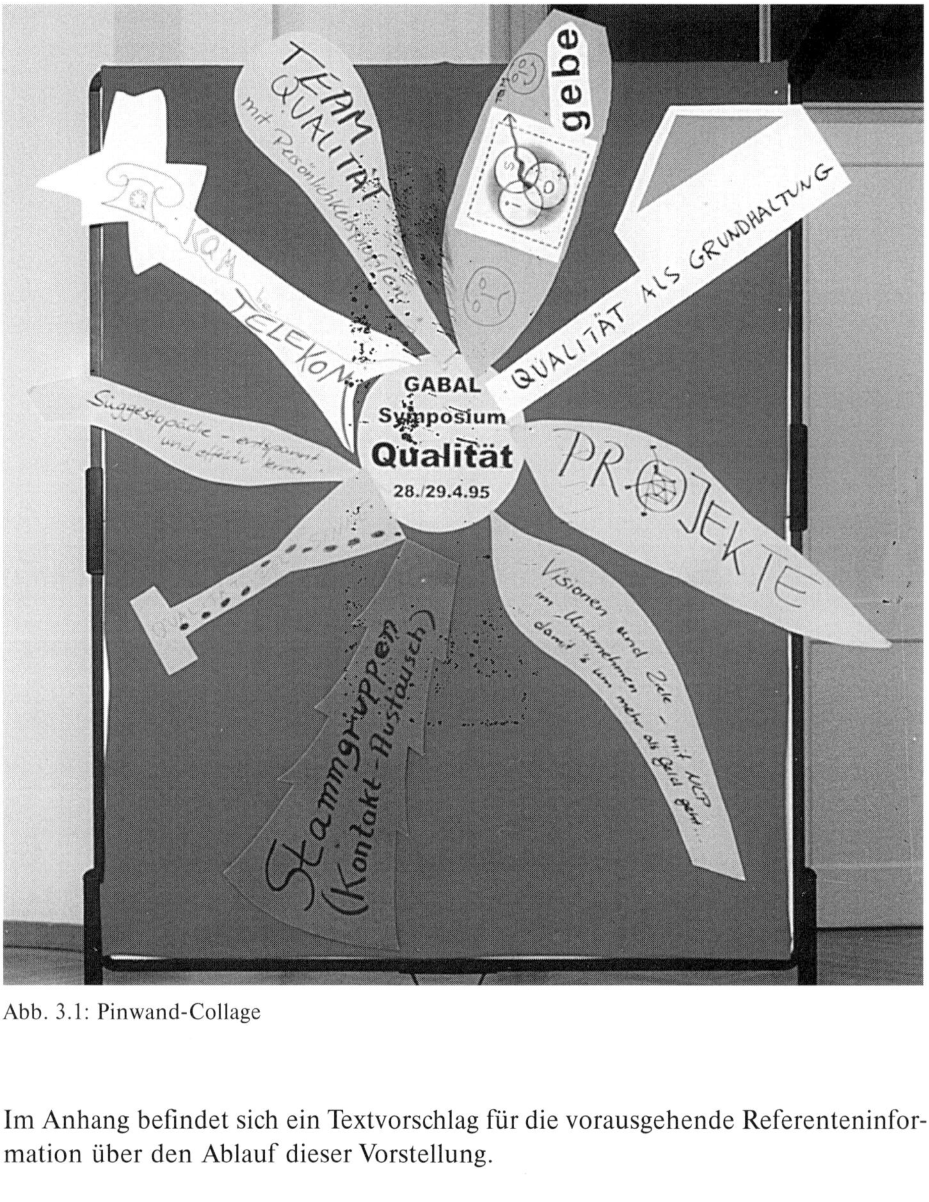

Abb. 3.1: Pinwand-Collage

Im Anhang befindet sich ein Textvorschlag für die vorausgehende Referenteninformation über den Ablauf dieser Vorstellung.

Eine weitere Möglichkeit für die Vorstellung der Referenten: Im Plenum werden Stationen aufgebaut, jeweils mit 2-3 Pinwänden. Dort stellen sich die Referenten mit laufender Wiederholung jeweils im 5-Minuten-Rhythmus vor. Die Teilnehmer in lockerer Reihenfolge, oder bei vorheriger Stammgruppenbildung (s. nachfolgendes Kapitel GTG-System) wandern dann von Station zu Station und informieren sich über das Angebot. Diese Art des sog. „Stationenlernens/Informationsmarkt" wurde bei den aktiven Methoden im vorherigen Kapitel beschrieben.

Die Suggestopäden, die auf ihren Kongressen i. d. R. mit sehr vielen, bis zu 10 parallelen Workshops bei ca. 300 Teilnehmern arbeiten, bitten häufig die Referenten ein Poster mitzubringen, welches kreativ die wesentlichen Inhalte aufzeigt. Eine Collage von Text und Bildern, oft auch ein Mind-Map. Die Organisation der Tagung wird erleichtert durch eine anhängende Liste, in die sich die Interessenten eintragen können. Entsprechend dem Interesse kann so die Raumplanung angepaßt werden und der Referent erhält eine Vorstellung über die zu erwartende Teilnehmerzahl.

Bei manchen Tagungen werden schon im Programmheft Referent und Thema vorgestellt. Bei großen Kongressen erstreckt sich dies vielleicht auf eine ganze Seite. Dann ist natürlich die Entscheidungsgrundlage besser. Dann reicht es völlig aus, wenn der Referent im Plenum „sein Gesicht" zeigt und nur wenige werbende persönliche Worte spricht.

Auf keinen Fall sollten die Teilnehmer sich mit der Anmeldung verbindlich für Parallelveranstaltungen entscheiden müssen. Dies ist nur unverbindlich für die Raumplanung sinnvoll. Auf der Tagung selbst möchten sich die Teilnehmer nach Gefühl, nach dem Interesse von Freunden und auch nach der Kurzvorstellung des Referenten entscheiden.

3.3 Querinformation der Parallelveranstaltungen

Als eine Schwachstelle für Veranstaltungen mit parallelen Zügen wurde das Gefühl genannt, nicht alles mitbekommen zu haben. In Seminaren mit Kleingruppenarbeit wird ggf. in den Gruppen mit FlipChart gearbeitet und anschließend im Plenum ein kurzer Bericht gegeben. Aufgrund der räumlichen Nähe im Seminar ist diese Methode in sich einwandfrei, auch wenn die Präsentationen nicht immer professionell vorgetragen und ausreichend systematisch visualisiert werden.

Aber was ist bei größeren Tagungen zu tun, wenn Querinformationen sinnvoll sind und gewünscht werden? Es scheint auch hier praktisch, wenn innerhalb der Parallelworkshops mit FlipChart oder Moderationskarten auf Pinwand gearbeitet wird. Da schnappt sich der Berichterstatter ein FlipChart-Blatt oder gleich eine ganze Pinwand voller Karten. Aber wer kann diese bei einer Tagung von 200 Teilnehmern oder mehr aus der Entfernung lesen? Oft wird trotz der Größe von Raum und Plenum auch noch ohne Mikrofon gesprochen. Niemand traut sich auch, spontan zum Overhead-Projektor zu gehen und von Hand eine Folie zu beschreiben.

Die Verdichtung der Information muß also organisiert werden. Dazu sollte die Tagungsleitung sich Gedanken machen und eine klare Anweisung mit Hilfestellung und Arbeitsmaterial an die Workshops bzw. den Betreuer erlassen.

Eine kleine Hilfe bei der Querinformation verschafft die Tagungsmappe bzw. Unterlagen der Referenten, die im Tagungsbüro ausgeteilt werden. Dies hat jedoch den Nachteil, daß die Teilnehmer dieses Papier oft und gerne mit nach Hause nehmen, es aber nicht mehr lesen, vor allem wenn der emotionale Bezug fehlt.

Mögliche emotionale Äußerungen von Teilnehmern an Parallelveranstaltungen:

- Das waren äußerst interessante Dinge.
- Das war hervorragend präsentiert.
- Das war gut für Einsteiger/Fortgeschrittene.
- Der Referent konnte begeistern.
- Der Referent ist ein Fachmann und aus der Praxis.
- Das war mehr für Einsteiger als Fortgeschrittene.

Solche Äußerungen erregen das Interesse. Natürlich interessieren diese Dinge auch in der Negativform - in der Bestätigung, nichts versäumt zu haben. Sie sind vor allem wichtig bei Wiederholungen von Workshops am Nachmittag oder am nächsten Tag. Aber: Sie fehlen natürlich bei einer offiziellen Berichterstattung im Plenum.

Die Querinformation kann auch durch die Präsentation von Arbeitsergebnissen aus parallelen Workshops in Form eines Informationsmarktes stattfinden. Die Pinwände der einzelnen Workshops werden im Plenum aufgestellt und zumindestens 2 Personen jedes Workshops bleiben dabei, während die übrigen zirkulieren. Es ergeben sich dann spontane verbale Kurzdarstellungen. Hier ist es eventuell wichtig, auch diese Infomarkt-Präsentation etwas zu strukturieren. Dies kann z. B. durch einen Gong passieren, der im Takt von wenigen Minuten die Teilnehmer von Marktstand zu Markstand weiterschickt. Erst nach dieser systematischen Übersicht kann jeder nochmals an den Stand zurückkehren, der ihn am meisten interessiert.

Eine weitere gute Möglichkeit zur Querinformation aller Teilnehmer stellt die einmalige Aufteilung aller Teilnehmer am Schluß der Tagung in neue **Berichtsgruppen** dar, so daß sich darin Teilnehmer aus allen Workshops finden. Dies ist eine

Übergangsform zur GTG-Methode, wie sie im nachfolgenden Kapitel dargestellt wird. Dieses GTG-System hat einen wesentlichen Baustein, der gerade hier ansetzt, denn dadurch werden die erhaltenen schriftlichen Unterlagen lebendig und auswertbar.

3.4 Schlußplenarveranstaltung

In keinem Buch über Rhetorik fehlen die Hinweise auf einen guten Start und einen guten Schluß. Dies gilt genauso für Tagungen und insbesondere für die TPG-Form.

Denn der Mensch sucht Rituale. So muß darauf geachtet werden, daß die Workshops zur gleichen Zeit enden, um den gemeinsamen Schluß zu gewährleisten. Für manche Verbandstagung, die im Grunde Gemeinsamkeit und Kennenlernen fördern will, ist dies sehr wichtig.

Generell könnte eine Tagung mit parallelen Gruppen auch ohne Querinformation und auch ohne einen Schluß im Plenum auskommen. Aber gerade durch die Aufteilung auf die kleineren Gruppen ist etwas mehr Zusammengehörigkeit zwischen den Teilnehmern entstanden als bei der LT-Form. Das sollte nicht jäh zerstört werden. Auch die Angst, etwas versäumt zu haben, mag hierzu beitragen.

Durch die in den parallelen Gruppen jeweils kleinere Teilnehmerzahl ist auch die Kommunikationsaktivität der Teilnehmer gewachsen.

Viele Tagungen, selbst mit parallelen Workshops legen auf einen gemeinsamen Schluß keinen Wert. Bei einer großen Fachtagung kann sich dies mangels Kreativität der Veranstaltungsleiter schnell ergeben. Diese denken innerlich vielleicht ohnehin schon resigniert daran, daß am letzten Nachmittag viele Teilnehmer schon verfrüht abreisen. Aber je wichtiger ein Zusammenhalt der Teilnehmer, um so wichtiger ist der gemeinsame Schluß mit einer Plenarveranstaltung.

Insofern sollten auch beim TPG-System die Hinweise auf einen guten Schluß in einem späteren Kapitel über das prägnante Tagungsende nicht unbeachtet bleiben.

3.5 Parallele Arbeitsgruppen

Natürlich könnten innerhalb einer Tagung auch tagungsrelevante Themen direkt von den Teilnehmern durchgearbeitet werden, ohne einen speziellen Referenten. Diese Form wird wohl mehr bei aktiven Verbänden und innerbetrieblichen Großveranstaltungen genutzt. Weil diese sich im Vorfeld mehr Gedanken machen, wie das Potential der Teilnehmer zu nutzen ist und wie diese stärker für die Veranstaltung und für das Unternehmen zu motivieren sind. Die Themen werden dabei von Vorstand oder Geschäftsleitung vorgegeben. Hierzu eignen sich Aufgabenstellungen wie:

- o dem Unternehmen einen Spiegel vorhalten,
- o Sketche aus der Kundenorientierung,
- o Darstellung von Unternehmensteilen/Abteilungen.

Natürlich sollen die Gruppen ihr Ergebnis später präsentieren. Das Arbeitsergebnis kann äußerst sachlich sein. Aber es können auch Themen vorgegeben sein, die starken emotionalen Inhalt haben. Dann geschieht die Präsentation vorzugsweise am Abend und erspart den Einkauf teurer Künstler für ein Event. Die Mitarbeiter sind kreativ genug und die eigenen Schöpfungen sind allemal interessanter. Als Präsentationsform kann z. B. vorgegeben werden, einen Videofilm zu drehen. Ob die Mitarbeiter einen Sketch aufführen, eine Pinwand mit einer Collage präsentieren oder ein Gedicht aufsagen, der Kreativität sind keine Grenzen gesetzt.

Diese Organisationsform wird heute bei den Arbeitstagungen der selbständigen Unternehmer (ASU) vorzugsweise verwendet. Auch das Swatch-Auto soll vor Jahren im Grundkonzept so entwickelt worden sein.

Diese Technik wird auch oft im Rahmen einer sonst linearen Veranstaltung eingesetzt. Für die Ausarbeitung in parallelen Teams ist im offiziellen Programm Zeit vorgesehen. Am späten Nachmittag oder Abend findet dann die Präsentationsphase im Plenum statt. Natürlich sind auch Formen mit einem mehrfachen Treffen dieser Teams zwischen linearen Veranstaltungsteilen möglich. Damit würde sich schon eine Vorform zum GTG-System des nachfolgenden Kapitels ergeben, wie sie im Abschnitt Themenfelder beschrieben ist.

3.6 Sonderform Open Space (OST)

Beim Open Space handelt es sich um eine Tagungsform, bei der die parallelen Workshops

- o von den Teilnehmern selbst gestaltet werden (es ist nicht nötig, daß es alle tun),
- o in ihrer Urform vor der Tagung möglichst wenig vorbereitet sind, damit Spontaneität und Kreativität sich entfalten können.

Von der äußeren Form muß diese Technik hier eingeordnet werden. Es liegen jedoch Welten zwischen einer Tagung von mehreren hundert Teilnehmern, die sich auf 3 parallele Vorträge aufteilen und der Open-Space-Methode, die das Ziel hat, das Potential, die Kompetenz und Kreativität möglichst vieler Teilnehmer zu nutzen und deren Selbstorganisation ein Hauptziel darstellt. Dann entsteht eine völlig andere atmosphärische Dimension, auch ohne speziell geplante Hilfsmittel. Die

Kreativität der Teilnehmer und ggf. die der Tagungsleitung wird jedoch durch vorbereitetes Material im Hintergrund wie Musik, Bewegung, Malen oder Sketche unterstützt.

Dies bedeutet, daß in der Einladung nur ein Rahmen von Plenarveranstaltungen vorgegeben wird. Es wird für die Anmeldung gerade damit geworben, daß die Teilnehmer selbst Möglichkeiten zur Präsentation haben. Dies beschränkt die Anwendung dieser Organisationsform auf Tagungen, bei denen die Teilnehmer gerade diesen Wunsch haben, weil

- sie sich verantwortlich an der Zukunftsgestaltung ihrer Organisation oder der Gesellschaft beteiligen wollen,
- sie ihre eigenen Erfahrungen und ihre Kompetenz mit anderen teilen wollen und bereit zum Lernen sind,
- sie Begegnung und Auseinandersetzung für die eigene Weiterentwicklung nutzen wollen,
- sie neugierig auf Experimente sind und sich einlassen können.

Open Space wurde von Harrison Owen entwickelt, der für ein internationales Symposium über Organisationslernen eine wirksamere Kommunikationsform suchte. Sie wird seit Mitte der achtziger Jahre von ihm regelmäßig praktiziert. Die Veranstaltungsform wird für Zukunftsthemen in Kommunen, sozialen und betrieblichen Organisationen genutzt. In Deutschland wird diese Form erst langsam bekannter.

Es handelt sich um eine Großveranstaltung von bis zu 1000 Personen. Ein einfaches Regelwerk bildet den Kontext für dynamische Prozesse der Begegnung und Zusammenarbeit:

- Jeder hier ist die richtige Person.
- Was auch immer geschieht, es ist das einzige, was geschehen konnte.
- Wenn es anfängt, ist die richtige Zeit.
- Wenn es vorbei ist, ist es vorbei.

Die im Rahmen vom Veranstalter vorgegebenen Plenarveranstaltungen dienen dabei:

- der gesellschaftlichen Begegnung (am ersten Abend),
- der gemeinsamen Programmfestlegung zu Beginn, die mehrere Stunden dauert,
- der Querinformation, dem Austausch, der Rückkoppelung (morgens und abends),
- und natürlich als Schlußveranstaltung.

Eine solche Veranstaltung ist sehr abwechslungsreich. Was konkret passiert, weiß niemand vorher. In der morgendlichen Runde treten einfach diejenigen in die Mitte, die etwas anzubieten oder einzuladen haben. Sie sagen ihren Namen, das Thema und heften einen Zettel an das zentrale Infoboard. Dabei kann es sich auch um den Wunsch zu einer gemeinsamen Diskussion handeln. Niemand weiß, wieviele in die so recht spontan angekündigten Parallelveranstaltungen kommen werden nach dem Grundgesetz: „Gehe mit deinen Füßen dahin, wohin dein Gefühl dich trägt. Wenn du meinst in der verkehrten Veranstaltung zu sein, so steh auf und geh.“ Zielsetzung ist eben das Erlebnis und die Gleichberechtigung aller Anwesenden, die nicht durch zu professionell vorbereitete Workshops zerstört werden soll. Auf diesem Boden wächst etwas ganz Neues. Der innere Kern der Anwesenden kann somit mehr hervorkommen.

Ein besonderes Problem bei dieser Form ergibt sich dadurch, daß in der Einladung vom Prinzip her eigentlich keine Referenten benannt werden können. Dabei sind diese oft auch das Zugpferd für die Tagung. Und nicht alle Teilnehmer wollen etwas präsentieren, Konsumhaltung ist überall verbreitet, auch bei Weiterbildnern. Um diesen Teilnehmern einen Anreiz zu geben und trotzdem einen großen Teil der Prinzipien aufrecht zu erhalten, kann die Ankündigung enthalten:

- Der Hinweis, daß nicht alle Teilnehmer selbst präsentieren müssen.
- Der Hinweis, daß auch Themendiskussionen angeregt und moderiert werden können, also ohne der Vorbereitung einer Präsentation (die gerade unter ganzheitlichen Gesichtspunkten materialaufwendig sein könnte).
- Die Aufzählung einiger prominenter Köpfe aus der Branche, die auf jeden Fall schon ihr Kommen zugesagt haben und welche Themen diese bei Interesse präsentieren werden.
- Trendabstimmungen nach den Themenvorstellungen (Agenda), sodaß einige Themen sogar plenar ablaufen könnten. Für die Raumzuteilung kann das auch wichtig sein.

Natürlich ist der Ablauf bei einer Teilnehmergruppe, die fast alle irgend etwas präsentieren, viel interaktiver als auf normalen Tagungen. Die Workshops sind naturgemäß oft schlecht vorbereitet in puncto Visualisierung, Handouts und sonstigem Material. Das ändert jedoch nichts daran, daß die Teilnehmer von OST (Open Space) Veranstaltungen davon begeistert sind. Hier kommt dann die OST der Urform von Owen, die auf totale und spontane Selbstorganisation abzielt, in Konflikt mit Verantwortlichen, die mehr an Strukturen und Ergebnisse denken. Aber das ist ein normaler Konflikt der Anschauungen.

Obwohl die Teilnehmer bei einer solchen Veranstaltung natürlich viel kontaktfreudiger als üblich sind, ist über diese Verfahrensweise mit wachsender Teilnehmerzahl kaum ein Gesamtresümee im Plenum mehr möglich. Also stößt auch die Open Space Tagung hier an eine Grenze. Diese wird in der Veranstaltungsform des nachfol-

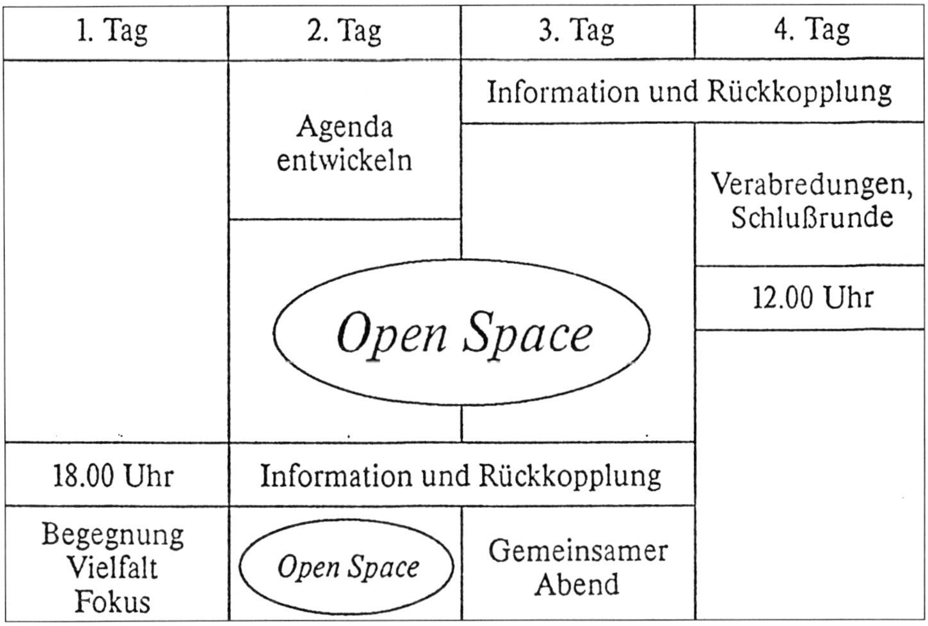

Abb. 3.2: Rahmenzeitplan einer Open-Space-Tagung

genden Kapitels überschritten, denn das Bedürfnis, mehr von dem gesamten Angebot zu erfahren, ist tief verwurzelt. Aber im Hinblick auf die Ziele der OST (Nutzung des Potentials, Gemeinschaftserlebnis) ist sie bei passendem thematischen Inhalt und der richtigen Zielgruppe sowie Teilnehmerzahl optimal.

3.7 Resümee TPG und Optimierung

Bei TPG geht es darum, den Teilnehmerkreis für einzelne Veranstaltungen zu verkleinern und Wahlmöglichkeiten einzuräumen. Wenn die Tagung sehr groß ist, entsteht dadurch kaum ein anderer Effekt als bei der LT-Form.

Das besondere bei der normalen TPG ist die Vorstellung der Referenten mit der persönlichen Ansprache, die Entscheidungsfreiheit jedes Teilnehmers und die Schaffung von Querinformationen im Plenum. Die Form der Open Space Tagung maximiert den individuellen Entscheidungsrahmen und räumt auch die Möglichkeit ein, selbst eine Veranstaltung anzubieten oder zur Diskussion über ein bestimmtes Thema aufzufordern. Die Rahmenstrukturen sind zugunsten der individuellen Freiheit minimiert.

Oft ist die Phase der Querinformation von TPG-Formen nicht ausreichend genug organisiert, aber die Technik für Verbesserungen besteht. In der nachfolgend beschriebenen GTG-Form werden alle diese Aspekte noch weiter optimiert.

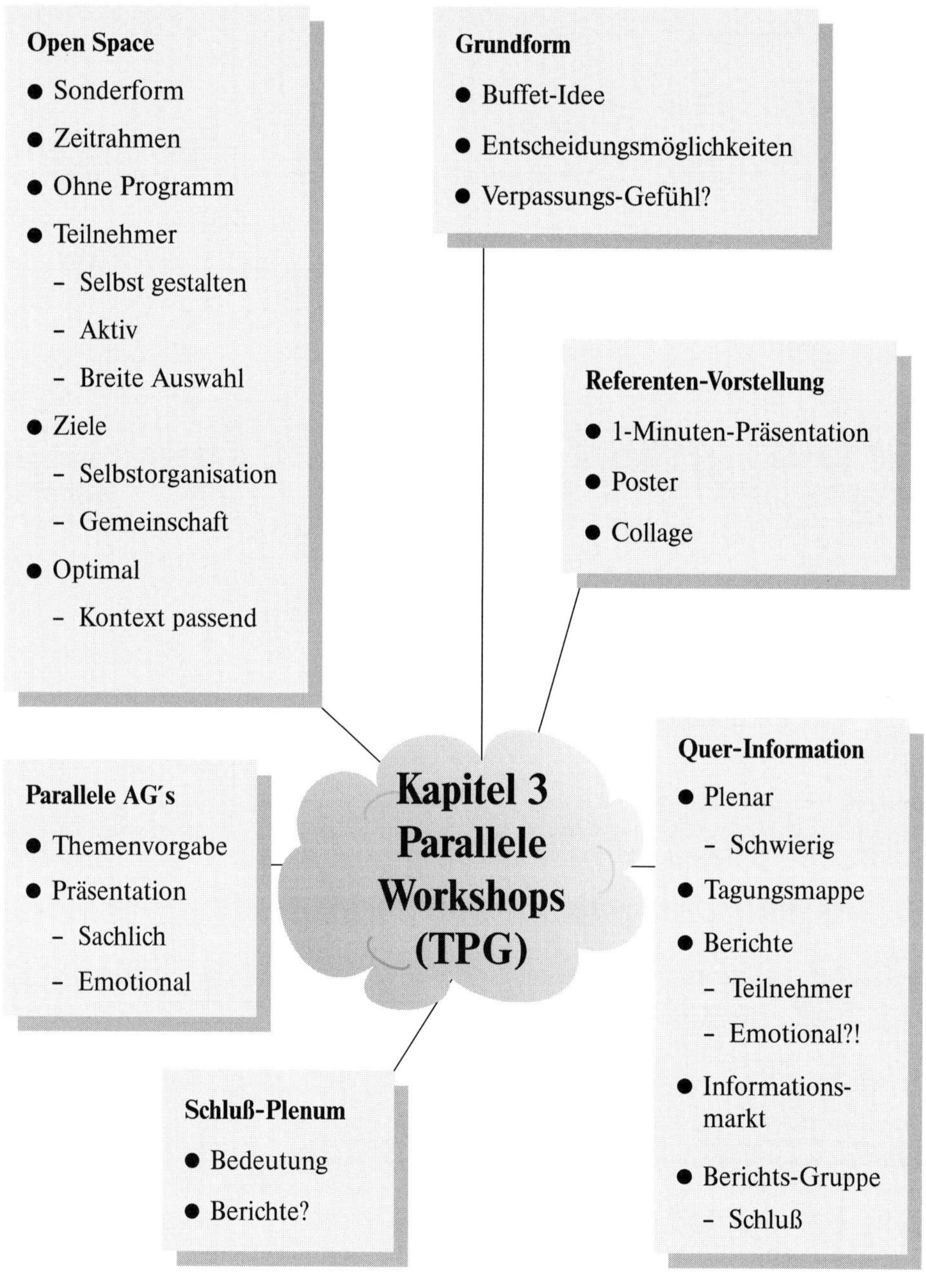
Kapitel 3
Parallele
Workshops
(TPG)
Open Space
Sonderform
Zeitrahmen
Ohne Programm
Teilnehmer
- Selbst gestalten
- Aktiv
- Breite Auswahl
Ziele
- Selbstorganisation
- Gemeinschaft
Optimal
- Kontext passend
Grundform
Buffet-Idee
Entscheidungsmöglichkeiten
Verpassungs-Gefühl?
Referenten-Vorstellung
1-Minuten-Präsentation
Poster
Collage
Quer-Information
Plenar
- Schwierig
Tagungsmappe
Berichte
- Teilnehmer
- Emotional?!
Informations-
markt
Berichts-Gruppe
- Schluß
Parallele AG's
Themenvorgabe
Präsentation
- Sachlich
- Emotional
Schluß-Plenum
Bedeutung
Berichte?

4 GTG-Konzept

„Warum habt Ihr die natürlichen Bedürfnisse der übrigen Vögel nicht berücksichtigt? Die wollen doch vor allem viel schwatzen und dabei Körner picken".

4.1 Grundform

Schon bei der Darstellung der LT wurde die „Plenums-Teilgruppe" erwähnt, die sich unproblematisch nach jedem Vortrag organisieren läßt. Im GTG-System ist diese Form nun optimiert: Vision des GTG-Konzepts (Ganzheitliches Tagen in Gruppen) ist eine aus Sicht des Teilnehmers intensive Veranstaltung, bei der äußerst viel Information, Kennenlernen, Erfahrungsaustausch, sowie eigene persönliche Verarbeitung und Auseinandersetzung mit dem Erlebten stattfinden. Dadurch entsteht in jedem Teilnehmer ein ganz persönlicher Bezug zur Veranstaltung. Damit werden auch die Ziele der Veranstalter besser erreicht.

Kern der GTG ist die sog. Stammgruppe. Jeder Teilnehmer der Tagung wird in eine Stammgruppe mit maximal 20 Teilnehmern integriert. Diese Stammgruppe trifft sich mehrmals während der Tagung zum Kennenlernen, Austausch, Berichterstattung, Reflexion und ggf. auch zu direkten tagungsorientierten Arbeitsaufgaben. Je nach Tagungszweck liegt das Schwergewicht mehr oder weniger auf diesen Stammgruppen.

Aus der Stammgruppe heraus wechseln die Teilnehmer in größere oder kleinere Workshops oder Stoffpräsentationen bzw. Vorträgen. Auch diese sollen möglichst nur maximal 50 Teilnehmer umfassen, was sich durch die Zahl der parallelen Workshops etwas steuern läßt. Es ist besonders zu empfehlen, daß einige oder alle Workshops mehrfach (hintereinander) dargeboten werden. Durch diese Beschränkung ist die Möglichkeit zur Interaktion mit den Teilnehmern besser gegeben. Der Teilnehmer hat dann mehrfach die Möglichkeit, das selbst zu erleben, was ihn am meisten interessiert (Buffet-Idee). Und Berichte von Teilnehmern in ihrer Stammgruppe sind intensiver, wenn danach die Möglichkeit besteht, diesen Workshop ebenfalls zu erleben. Zudem schaffen sie den emotionalen Bezug und bauen Spannung und Energie auf.

Plenarveranstaltungen sollten nur in einem Umfang von maximal 10% der Gesamtzeit stattfinden und eine maximale Länge von einer halben Stunde haben. Natürlich können besonders interessante Plenarveranstaltung, z. B. mit einem ganz prominenten Referenten, zusätzlich zu den Workshops organisiert werden.

In der Regel werden keine Berichte über die Workshops/Parallelvorträge vor dem Plenum abgehalten. Diese werden in den jeweiligen Stammgruppen von den Teilnehmern selbst gemacht. Jeder berichtet, was er erlebt hat. Dabei ergeben sich interessante Interaktionen und Berichte anderer, die anderes empfunden haben. Die Teilnehmer sagen immer wieder, daß sie diese Berichte als besonders fruchtbar empfunden haben. Da jeder Teilnehmer weiß, daß er seiner Stammgruppe berichten wird, ist seine Aufmerksamkeit im Workshop wiederum intensiver. Und durch das Aussprechen seiner Eindrücke erhöht sich die emotionale und intellektuelle Behaltenswirkung weiter.

So wird bei GTG der Aspekt der Querinformation optimiert. Es ist wichtig, das in der Einladung hervorzuheben, weil dies oft ein Manko der TPG-Form darstellt.

Eine Information über das Geschehen in den verschiedenen Stammgruppen kann über das Zusammentreffen der Teilnehmer in Workshops hinaus durch das Anfertigen von Stimmungsbarometern, die in den Pausen zentral ausgehängt werden, geschaffen werden. Des weiteren kann es durch Bearbeitung strukturierter Aufgaben (z. B. Rangfolgen) in den Stammgruppen geschehen, deren Ergebnis ebenfalls ausgehängt wird. In Ausnahmefällen sind blitzlichtartige verbale Stimmungsbilder von den Stammgruppen in den wenigen und kurzen Plenarveranstaltungen möglich.

Dreh- und Angelpunkt der GTG ist eine ausgefeilte Vorbereitung und der Einsatz von Steuerungsinstrumenten. Diese sind:

- Arbeits- und Infomappe für die Teilnehmer, die auch das System (emotionale und intellektuelle Wirkung) erklärt und die Raumaufteilung angibt.
- Moderationsaufgaben für Mitglieder des Organisationskomitees, die sich auf die Stammgruppen aufteilen und Papier/Poster verteilen, ggf. zurückhaltend aber doch professionell moderieren, damit der Kontakt dort zustande kommt.
- Aufgabenklärung für jede Stammgruppenphase durch Handout, ggf. auch als Poster aufzuhängen, i. d. R. jedoch verbal oder auf Flip-Chart durch die Stammgruppenmoderatoren.
- Spätabendliche Treffen der Mitglieder des Organisationskomitees und ggf. Besprechung von kurzfristigen Änderungen im Tagungsablauf.
- „Monitoring“ durch die Tagungsleitung, die selbst frei von der Durchführung eines eigenen Vortrags/Workshops sein sollte.
- Spezielle, möglichst schriftliche Informationen über die Aufgaben der Mitglieder der Steuerungsgruppe, der Referenten, des Hotels.
- An die Raumaufteilung der Tagungsstätte werden hohe Anforderungen gestellt: Sehr viele Gruppenräume mit Visualisierungsmaterial werden benötigt. Dies kann jedoch bei innerbetrieblichen Großveranstaltungen anders sein, weil es

dann vielleicht gerade sinnvoll ist, alle parallelen Gruppen in einem Raum zu versammeln (siehe hierzu den späteren Abschnitt über die Zukunftskonferenz).

- Bei häufigem Wechsel zwischen Stammgruppen und Workshops müssen die Gruppenräume dicht beieinander liegen und die Beachtung des Zeitplanes ist sehr wichtig. Die Gruppenräume werden i. d. R. gleichzeitig für die Workshops dienen. Gewöhnlich werden mehr Gruppenräume als für die Workshops erforderlich sein, d. h. einige Gruppenräume brauchen nicht so groß zu sein. Auch im Plenarsaal kann sich eine Stammgruppe einrichten. Oft wird auch der Plenarsaal nach der Eröffnungsveranstaltung durch eine Wand geteilt, weil er in dieser Größe erst zum Schluß wieder benötigt wird.
- Die Namensschilder werden mit tagungsrelevanten Stammgruppenmotiven versehen.
- Der rationelle Ablauf des Essens sowie der Pausen ist zu organisieren.
- Eine ganz wichtige Variante ist die Möglichkeit, bei internationalen Tagungen einen Teil der Workshops und gekennzeichnete Stammgruppen in anderen Sprachen ablaufen zu lassen.

Das oben Beschriebene stellt die Maximalversion dar. Wie bereits aus den vorhergehenden Kapiteln ersichtlich wurde, gibt es fließende Übergänge zwischen den einzelnen Tagungsformen. Die endgültige Version wird abhängen:

- von den Tagungszielen
- von der innovativen Einstellung der Tagungsleitung
- von räumlichen Gegebenheiten und zeitlichen Restriktionen
- vom Kontext der Teilnehmer (Zielgruppe)
- ggf. auch von der Flexibilität einiger Starreferenten.

Insofern kann das endgültige Ergebnis des Veranstaltungsablaufs durchaus auch eine lockere GTG-Form oder eine Mischform sein.

Dabei gilt immer das Prinzip: weniger ist mehr. Das GTG-System kostet vordergründig mehr Zeit für die Stammgruppenaktivität. Wie verlockend ist es da, lieber noch einen Referenten mehr im Plenum einzusetzen oder den Workshops mehr Zeit zu geben. Es ist aber zu bedenken, daß ein stimuliertes Gehirn einfach zu einem stärkeren Tagungserlebnis für die Teilnehmer führt. Somit macht die Stammgruppenarbeit die ganze Veranstaltung effektiver.

Die GTG-Form ist gleichermaßen für innerbetriebliche Tagungen und offene Teilnehmerkreise von Bedeutung. Schließlich gibt es auch bei den innerbetrieblichen Tagungen, wenn sich Teilnehmer bereits besser kennen als auf einer offenen Tagung, doch Kommunikationsbarrieren. Und die Aufforderung zur kreativen Beteiligung durch die Stammgruppen ist bei innerbetrieblichen Veranstaltungen i. d. R. noch mehr gewünscht als bei offenen Veranstaltungen.

4.2 Die atmosphärische Komponente

Wie schon bei LT und TPG können und sollen atmosphärische Elemente den Teilnehmer besser aufschließen, seinen Aufmerksamkeitslevel erhöhen, sein Potential stimulieren. Beim GTG-System kommt nun eine neue Komponente ins Spiel: die persönliche Beteiligung in den Stammgruppen macht die Teilnehmer aktiver und experimentierfreudiger. Dadurch wird das eigentliche kreative Potential nun stärker angesprochen und kann in Mitwirkung umgesetzt werden.

Ein Teil dieser Plenarzeit ist dabei im Sinne einer Förderung der Ganzheitlichkeit auch zu verwenden für kurze Entspannungen/Centerings (je nach Vorkenntnissen der Teilnehmer) und auch einfachen Bewegungs- bzw. Energieaufbauübungen, die von einem Animatoren angeleitet werden. Letzteres kann auch in den Pausen zusätzlich angeboten werden.

Entsprechend den modernen Lernkonzepten der Ganzheitlichkeit und der gehirngerechten Methode wird dann bei der GTG eine Balance von Präsentation und Information, Interaktion und individueller Reflexion erreicht, wobei auch der Aspekt der gefühlsmäßigen-persönlichen Integration in die Tagungsgemeinschaft hinzukommt.

Die Optimierung des Ablaufs zielt darauf ab, alle modernen Elemente aktiver und kreativer Seminargestaltung einzubauen:

- Musik, Entspannung und Bewegungsübungen, ggf. durch die Tagungsleitung im Plenum, wenn nicht genügend ausgebildete Stammgruppenmoderatoren zur Verfügung stehen.
- Die Gruppenidentifikation spielt eine große Rolle und sollte immer durch Symbole unterstützt werden. Eine individuelle Auswahl bei der Einteilung sollte ermöglicht werden. Diese Verstärkung des WIR-Gefühls ist ein wichtiges Element, was auch Team-Entwicklungsprozesse immer wieder erreichen wollen.
- Gruppenräume und Plenum mit themenspezifischen und Suggestions-Postern dekorieren.
- Zentrale Pinwand für die Teilnehmerkommunikation, ggf. zusätzlich für Graffiti zum Tagungsmotto sollte vorhanden sein (Infoboard).
- Die Kennenlernaktion in der Stammgruppe ist gezielt zu fördern.

- Auch das Mittag- und Abendessen lassen sich als Kommunikationsmöglichkeit für die Stammgruppen nutzen.
- An einem gemeinsamen Abend parallel zur spontanen Teilnehmerkommunikation einen Erlebnisworkshop mit Spielen/Tanz anzubieten, wird von vielen Teilnehmern als weiterer Höhepunkt geschätzt. Denn durch die gesamte Tagungsform ist einfach eine stärkere Aktivierung des Erlebnis- und Beteiligungsdrangs der Teilnehmer zu vermerken.
- Konsequent ist es, auch die Plenar-Kurzveranstaltungen und vor allem die Begrüßung mehr in Sketch-Form als trocken zu gestalten.
- Zu empfehlen ist das Herrichten aller Räume ohne Tische, auch für die Workshops.

Insofern verstärken sich beim GTG-System die atmosphärische Seite und die menschlich/soziale Integration gegenseitig und bewirken ein maximales Erlebnis – wenn dies zu den Tagungszielen paßt.

4.3 Ablauf GTG-Veranstaltung im Überblick

Beispiel einer 2-Tages-Veranstaltung mit 5 Stammgruppen und jeweils 5 parallelen Workshops. Dabei werden 7 Themen jeweils 2mal präsentiert, der Workshop Nr. 7 sogar 3mal.

1. Tag					
Plenum	Begrüßung, Organisation, Referentenvorstellung				
Stammgruppe	ROT	BLAU	GELB	GRÜN	WEISS
Workshops	WS 1	WS 2	WS 3	WS 4	WS 5
	Mittagessen				
Stammgruppe	ROT	BLAU	GELB	GRÜN	WEISS
Workshops	WS 1	WS 2	WS 3	WS 6	WS 7
	Abendessen, anschl. Sonderveranstaltung (Musik, Bewegung)				
2. Tag					
Stammgruppe	ROT	BLAU	GELB	GRÜN	WEISS
Workshops	WS 1	WS 2	WS 4	WS 6	WS 7
	Mittagessen				
Stammgruppe	ROT	BLAU	GELB	GRÜN	WEISS
Workshops	WS 4	WS 5	WS 3	WS 6	WS 7
	Resumee, Abschieds-Plenarveranstaltung mit Integration				

WP 1: Thema ...

WP 2: Thema ...

WS 3: Thema ...

WS 4: Thema ...

WS 5: Thema ...

WS 6: Thema ...

WS 7: Thema ...

1. Stammgruppentreffen: Kennenlernen, ggf. Arbeitsaufgabe, Aufteilung auf Workshop
2. Stammgruppentreffen: Erlebnisberichte, Aufteilung
3. Stammgruppentreffen: Geführte Entspannung (Centering), Erlebnisberichte, Aufteilung
4. Stammgruppentreffen: Erlebnisberichte kurz, Resümee, Abschied

4.4 Besonderheiten bei der Stammgruppenorganisation

Dreh- und Angelpunkt des GTG-Konzepts sind die Stammgruppen. Sie stellen die Querverbindung dar, die beim reinen Parallelgruppen-Prinzip fehlt. Dort ist jeder Teilnehmer „einsam".

Wenn fremde Menschen zusammentreffen, kann nicht einfach in 30 Minuten eine Vertrauensbasis entstehen. Hierzu gehören:

- Ruhe und Zeit
- Namensschilder
- Gemeinsame Symbole
- Schaffung einer persönlichen Atmosphäre
- Vermeidung von Hektik
- Vorstellungsrunde, gegenseitiges Kennenlernen

Vor allem bei dem ersten Stammgruppentreffen ist eine erfahrene Moderation erforderlich, die das Kennenlernen erleichtert und Nähe und Wärme herstellt.

Insofern empfiehlt sich besonders die Gestaltung und Dekoration des Gruppenraumes nach suggestopädischen Prinzipien (stimulierende Poster an den Wänden, Stuhlkreis, Blumenstrauß in der Mitte).

Abb. 4.1: Beispiel eines suggestopädischen Prinzips

Je knapper die Zeit ist, desto wichtiger ist deshalb eine Kennenlernübung z. B. aus dem suggestopädischen Repertoire. Die einfachste Form ist das Auslegen von ca. 40 bunten Postkarten (Häuser, Pflanzen, Tiere, Lebenssituationen) für 20 Teilnehmer um einen Blumenstrauß herum. Jeder muß sich eine solche Karte nehmen, dazu aufstehen und einen anderen mit einer interessanten Karte ansprechen, sich untereinander vorstellen. Dann erst folgt die Vorstellungsrunde in der ganzen Gruppe, wobei jeder seine gewählte Postkarte zeigt und auch erläutert, warum er sie gewählt hat.

Anschließend nimmt sich jeder eine Moderationskarte und einen Filzschreiber (dieses Material ebenfalls um den Blumenstrauß auslegen). Auf die Karte schreibt er seinen Namen. Der Stammgruppen-Moderator, dem die Gestaltung für den Gruppenraum obliegt (siehe Checkliste im Anhang), hat eine Pinwand mit Karten der Workshops (Thema und Referent) vorbereitet, ergänzt um die Rubrik „noch nicht entschieden“. Auf diese Pinwand steckt nun jeder Teilnehmer seine Namenskarte zu den jeweiligen Workshops, spricht dabei seinen Namen nochmals laut aus und nennt den Grund bzw. den beruflichen Bezug, warum er in diesen Workshop gehen will. Das geht alles recht schnell, integriert jedoch jeden Teilnehmer von Anfang an und spricht gleichzeitig die Gefühlsebene an.

Aufteilung für 1. Workshoprunde

Projekt-Management (Boy)	Unterneh-mensvision (Rudo)	KQB-Telekom (Kösler)	ISO 9000 (Berthold)	noch nicht entschieden
Sebastian Meyer	Christian Moris	Sonja Huber	Günter Jakwerth	Brigitte Schumann
Erna Schäfer	Franz Janschitz	Dietrich Billmann	Ute-Maria Eibe	Helmut Wagner
Hartmut Machner	Natascha Müller	Heinrich Schmidt	Wilhelm Heimann	
Hilmar Turck	Gerd Christensen	Michael Licius		
Irene Hallegger		Dr. Gerhard Hahn		

Abb. 4.2: Beispiel für eine Workshop-Aufteilung

Auf diese Art und Weise wird jeder Teilnehmer psychisch aufgebaut und fühlt sich vertraut mit den anderen:

1. Emotionaler Bezug durch die Postkarten
2. Lockeres Kontaktgespräch mit einem Partner im Stehen, wie auf einer Cocktail-party
3. Selbst-Kurzvorstellung im Sitzen, mit Karte in der Hand
4. Aufstehen und an die Pinwand treten, einige Worte reden.

Bei der nachfolgenden Sitzung der Stammgruppe ist von der unverändert gebliebenen Pinwand her gleich erkenntlich, wer bei welchem Workshop war. Entsprechend kann der Moderator steuern und alle für einige Berichtssätze ansprechen. Hierbei ist es immer wieder erstaunlich, wie unterschiedlich die Berichte aus den gleichen Workshops teilweise sind, da der Hintergrund bei jedem Teilnehmer verschieden ist. Gerade diese Verschiedenartigkeit im Erlebnisbericht fördert die Integration in die Stammgruppe.

Mit zunehmendem Fortschreiten der Tagung werden die Berichte reifer und inhaltsreicher. Hierbei hilft auch ein in der ersten Sitzung erstellter Kriterienkatalog (vgl. den Abschnitt über Arbeitsaufgaben von Stammgruppen).

Da für viele Teilnehmer gerade die sozialen Kontakte auf Tagungen sehr wichtig sind, stellen deshalb die Stammgruppen eine besondere Gelegenheit dar, neue Bekanntschaften zu knüpfen.

Je mehr es gelingt, die Teilnehmer in ihre Stammgruppe zu integrieren, um so weniger bröckelt die Tagung ab.

Ein weiterer Nutzeffekt des Stammgruppen-Systems ist der Start von Tagungen am 2. Tag. Bei normalen Tagungen ist es häufig so, daß zu Beginn noch 25% in den Betten oder beim Frühstück sind. Erst gegen 11.00 Uhr ist der Saal dann gefüllt. Auch manche morgendlichen Workshops werden gerne übersprungen. Aber wenn die Stammgruppen sich am 1. Tag gut konstituiert haben, dann entsteht einfach mehr Gruppendisziplin. Dann sind fast 100% am Morgen in der Stammgruppe und der Moderator kann eine Aufwachübung oder ein Centering mit ihnen machen. So haben alle mehr vom Tag.

Manchmal muß aus Gründen der knappen Zeit ein Stammgruppentreffen z. B. mit dem Mittagessen bzw. im Anschluß daran festgelegt werden. Dies ist nicht ideal, aber ein praktikabler Kompromiß. Es ist dann wichtig, daß die Tische entsprechend gekennzeichnet werden und der Moderator darauf achtet, daß jeder etwas erzählt und die übrigen dabei zuhören.

Ein weiterer wichtiger Hinweis ist ebenfalls nötig: die Konstituierung der Stammgruppen muß sofort nach der Begrüßung und vor den Workshops/Referaten erfolgen.

Es ist sinnvoll, die Workshops kleiner zu machen und einmal zu wiederholen. Der Bericht von der 1. Runde in den Stammgruppen erleichtert dann die Entscheidung für die nächste Runde. Er führt auch dazu, daß die Teilnehmer in der zweiten Runde anders auf den Referenten reagieren, wenn dieser abschweift oder zu viele Folien zeigt. Die Referenten werden dann auch mehr herausgefordert. Auch die Referenten sollten an den Stammgruppentreffen teilnehmen, jedoch ohne selbst von ihrem Referat/Workshop zu berichten und nur die Berichte der Teilnehmer zu hören. Es bringt auch ihnen einen Lerngewinn.

Die GTG-Idee ist sehr variabel: Wenn die Tagung vom Teilnehmerkreis und von der Zielsetzung so anonym verläuft, daß eine Integration der Teilnehmer nicht zu 100% erreicht werden soll, so bietet sich auch an, den Teilnehmern beim Einchecken die Stammgruppe als fakultatives Angebot vorzuschlagen.

4.5 Zusammensetzung der Stammgruppen

Auch die Zusammensetzung der Stammgruppen, die am besten beim Einchecken am Tagungsbüro/-tisch vorgenommen wird, ist von Bedeutung. Dabei muß auf gleichmäßige Besetzung geachtet werden.

Ein Beispiel für Stammgruppenbezeichnungen für eine arbeitsorientierte Tagung:

Träumer/Idealisten	Karikaturisten
Macher	Rechner/Kalkulatoren
Kritiker	
Realisten	Freaks/Hacker/Fans
Optimisten/Pessimisten	Vorreiter/Innovatoren
Intellektuelle	Scouts/Pfadfinder
Praktiker	Perfektionisten
Indianer	Häuptlinge
Ritter	Macher
Krieger/Kämpfer	Herzen
Abenteurer/Entdecker	Hirne
Forscher/Entwickler	Clowns
Bewahrer/Hüter	Galaktiker
Zauberer/Schamanen	Terraner
Heiler/Medizinmänner	Sonne, Mond, Sterne

Die Möglichkeiten sind unendlich groß: physikalische Bezeichnungen, Astronomie, Chemie und die ganze Flora und Fauna bieten gute Ideen, die zur Tagung passen können.

Aufwendiger, wenn auch machbar, sind eigens hergestellte Buttons statt Stickers. Dabei lassen sich natürlich leicht tagungsbezogene Bezeichnungen wählen. Bei firmeninternen Veranstaltungen können das z. B. innovative Produkte, Aktionen oder Leitbilder sein. Zunächst soll sich jeder Teilnehmer selbst die Symbole aussuchen können. Ist eine Stammgruppe schon voll, wird das Symbol nicht mehr angeboten.

Wenn mehrere Teilnehmer zusammen ankommen, empfiehlt sich folgende Frage: „Kennen Sie sich schon"? Wenn ja: „Ich empfehle Ihnen den Besuch verschiedener Stammgruppen, dann können Sie sich in den Pausen bzw. der gemeinsamen Heimfahrt darüber austauschen und erleben so mehr. Das ist interessanter". Die Empfehlung steuert etwas, ist aber kein Zwang.

Natürlich gibt es auch Tagungen, bei denen die Gruppen gezielt nach Interessen zusammengestellt werden. Das empfiehlt sich bei ganz großen Tagungen. Das Angebot an parallelen Vorträgen und Workshops wird dann so riesig sein, daß die Teilnehmer ohnehin nicht an allen Themen Interesse haben.

Bei einer homogenen Stammgruppe besteht die Gefahr, daß die Teilnehmer sich alle auf bestimmte Workshops konzentrieren und die Berichte nicht das gesamte Programm widerspiegeln. Eine gezielte Zusammensetzung kann auch Bedeutung bekommen, wenn die Stammgruppen Arbeitsaufgaben erhalten. Dann kann für deren Besetzung auf die Berufe oder bei firmeninternen Tagungen auf die Abteilungsherkunft geachtet werden, um einen Querschnitt zu bekommen. Also können je nach Bedeutung und Inhalt/Ablauf der Tagung die Stammgruppen möglicherweise auch nach Berufsgruppen zusammengesetzt werden. Möglich ist auch eine Aufteilung nach regionaler Herkunft. Es wird immer ein Abwägen im Rahmen des Tagungszieles sein. Auch die Kombination gemischter und homogener Gruppen ist möglich.

4.6 Arbeitsaufgaben von Stammgruppen

In den Stammgruppen kann über das Kennenlernen und Berichten hinaus etwas gearbeitet werden, wenn dies zu der Tagung paßt.

Die erste und einfachste Arbeitsaufgabe könnte für die erste Sitzung die Erstellung einer Kriterienliste für den Besuch der Workshops und die resultierenden Berichte sein.

Wurde das Thema gut getroffen?

Worum ging es, was war der Kern? Ggf. Hauptthese.

Referent (Authentizität, didaktischer Fähigkeit, Methodik von Referat/Workshop)

Konkreter Teilnehmernutzen (Praxisrelevanz, theoretische Grundlagen, hat sich der Besuch gelohnt, war es für alle Teilnehmer gleich interessant, welches Teilnehmervorwissen war günstig)

Stimmung und Teilnehmerzahl des Workshops, Resonanz der Teilnehmer.

Wie würde/könnte es weitergehen?

Ausgegebene Unterlagen

Diese Arbeitsaufgabe stellt sofort persönliche Betroffenheit und eine aktive innere Beteiligung her: Warum gehe ich in einen Workshop? Was erwarte ich dort?

Bei Vereins- und Verbandstagungen können des weiteren Sachthemen zur Diskussion vorgegeben werden, die dann richtig zu moderieren sind. Da solche Tagungen i. d. R. auch Mitgliederversammlungen beinhalten (die oft langweilig ablaufen, weil die in diesem Buch dargestellten Prinzipien verletzt werden, vor allem das der Visualisierung), können Arbeitsthemen genommen werden, oder Mitgliederideen erfragt werden. Die Stammgruppenbesetzung kann gleich im Rahmen eines Themas oder passend zu existierenden Untergruppen des Vereins vorgenommen werden.

Bei innerbetrieblichen GTG-Veranstaltungen sind damit wichtige Schritte im Rahmen der Organisationsentwicklung bzw. des Weges zur Lernenden Organisation möglich. Vielleicht sind schon bei der Besetzung der Stammgruppen spezielle Themen dafür vorgegeben worden. Je besser sich die Stammgruppe, die dann aus einem abteilungsübergreifenden Mix der Mitarbeiter bestehen, konstituiert, um so besser werden die Ergebnisse sein. So könnte späteren Projektteams vorgearbeitet bzw. Stoff gegeben werden. Wichtig ist die Mitteilung weiterer Schritte nach der Veranstaltung an die Mitarbeiter (z. B. in der Firmenzeitschrift), auch mit Bezug auf die Ideen und Ausarbeitungen der Veranstaltung.

Eine wichtige Arbeitsaufgabe der Stammgruppe kann auch die Integration der Inhalte der Gesamtveranstaltung sein. Hierbei fallen den Gruppen i. d. R. sehr kreative Präsentationen ein. Diese werden dann in die Abschlußveranstaltung im Plenum eingebracht, wie z. B.:

- ein Reim oder Spruch
- ein Lied
- eine Pinwand
- ein Sketch
- eine Pantomime
- eine Pressenotiz

Gerade eine solche Aktivität kann gut zur weiteren Verarbeitung und emotionaler Abrundung dienen.

Vorgaben für Arbeitsaufgaben werden in die Unterlagen der Stammgruppenmoderatoren aufgenommen (im Anhang befinden sich Beispiele).

4.7 Verdichtungsgruppen

Bei bestimmten Frage- und Aufgabenstellungen einer Tagung kann es sinnvoll sein, eine Verdichtungsgruppe einzuführen. In diesem Fall bespricht die Stammgruppe eine Meinung zu einem Thema oder auch Lösungsmöglichkeiten eines Problems. Von jeder Stammgruppe wird ein Vertreter in eine solche Verdichtungsgruppe geschickt. Bei 20 Stammgruppen à 20 Teilnehmer dürfte das Maximum dieses zweistufigen Verfahrens liegen. Während der Diskussion in der Verdichtungsgruppe bearbeitet die Stammgruppe schon die nächste Thematik.

Dieses Verdichtungsverfahren eignet sich z. B. auch gut dafür, am Ende der Tagung ein Resümee oder eine Pressenotiz/Kommuniqué zu erarbeiten. Bei innerbetrieblichen Veranstaltungen könnte dies die Problemlösung oder z. B. die gemeinsame Vision sein.

Hierzu sollte der Text einer Stammgruppe zur Präsentation auf Folie geschrieben werden.

Die bei der LT beschriebene „Fishbowl"-Technik, die dort eine Möglichkeit darstellte, Plenarveranstaltungen aufzulockern, kann auch in das GTG-System integriert werden:

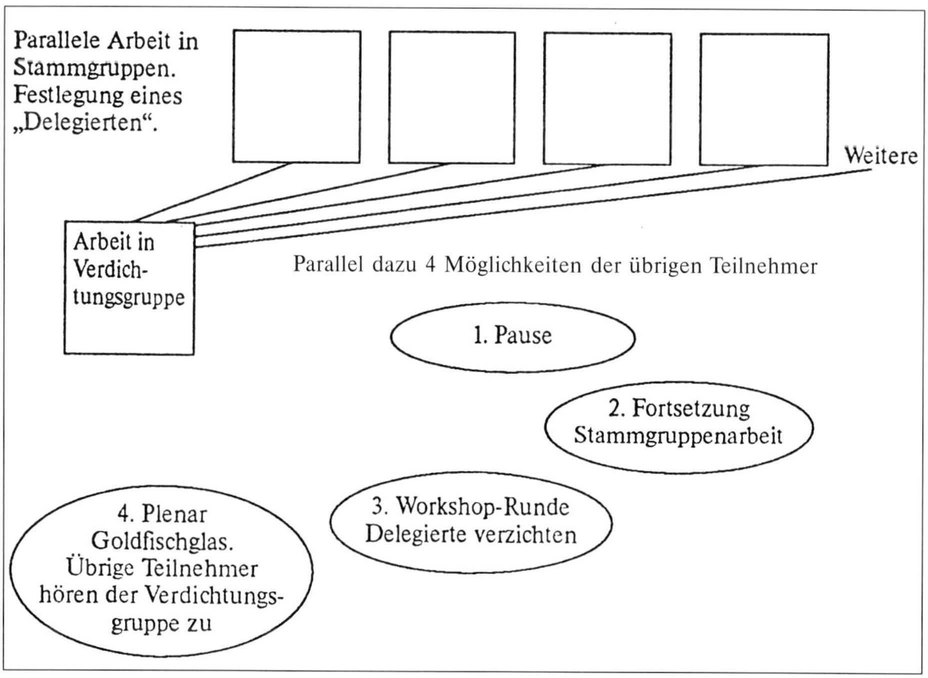

Abb. 4.3: Organisation einer Verdichtungsgruppe

Ein bestimmtes Thema wird in den Stammgruppen diskutiert. Ein Delegierter wird gewählt, der das Thema im Plenum im inneren Diskussionskreis vertritt. Kurze Unterbrechungen der Plenardiskussion im „Goldfischglas“ erlauben ihm, das Feedback seiner Gruppe einzuholen.

4.8 Stimmungsbarometer

Ist schon beim TPG-System das Interesse gegeben, was wohl in den anderen Workshops passiert ist, so steigt dieses Interesse beim GTG-System und erweitert sich auch auf die Aktivität in den Stammgruppen.

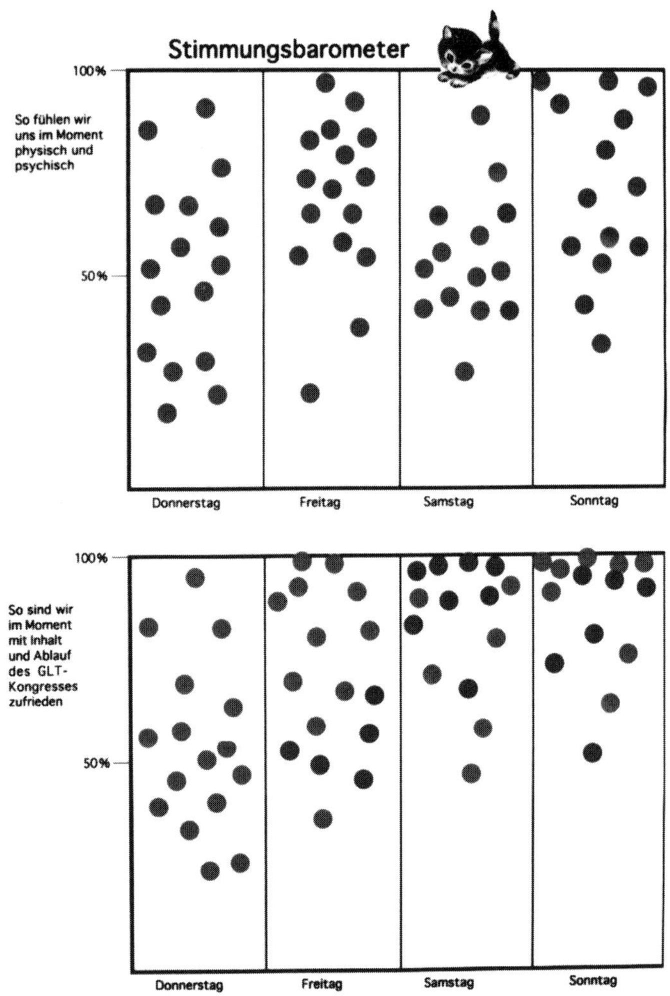

Abb. 4.4: Stimmungsbarometer

Ein einfaches Mittel, welches zur visuellen Querkommunikation zwischen solchen Dauergruppen verwendet werden kann, ist das Stimmungbarometer. Dies hält der Moderator bereit. Es sollte mindestens A3 Format, besser A2 Format haben. Es gibt zwei Varianten für ein Stimmungsbarometer:

1. ein Säulendiagramm
2. zwei Säulendiagramme untereinander

   Oberes Diagramm: subjektive Situation

   Wie fühle ich mich im Moment physisch und psychisch?

   In Ergänzung das untere Diagramm: objektives Interesse am Inhalt

   Wie bin ich im Moment mit dem Inhalt und Ablauf des Symposiums zufrieden?

Natürlich muß das Stimmungsbarometer mit dem jeweiligen Gruppensymbol markiert sein. In den Pausen wird es im Foyer an einer entsprechend gekennzeichneten Pinwand aufgehängt. Es empfiehlt sich, die Aktion im Plenum anzukündigen und auch in der Stammgruppenmoderation davon zu sprechen, wo diese Barometer aufgehängt werden.

Es sollte mindestens einmal am Tag eine Abfrage erfolgen. Ein kopierfähiges Muster findet sich in der Anlage.

Bei den Systemen LT und TPG hat jedoch das Stimmungsbarometer kaum einen Sinn. Höchstens bei kleineren Tagungen mit unter 100 Teilnehmern und dann nur mit einem Säulendiagramm ohne Gruppendifferenzierung.

4.9 Lockere und intensive GTG-Formen

Das GTG-Prinzip kann ganz locker in eine Tagung eingebaut werden. Dabei können die Stammgruppen nur eine kleine Randerscheinung sein, aber auch die Tagung dominieren.

Im Kapitel über die lineare Tagung wurde schon von Gruppenarbeit im Plenum gesprochen, mit der nach einem Vortrag ein systematischer Austausch zwischen den Teilnehmern möglich ist. Es gibt keine Symbole, auch keinen Raum. Dies ist schon eine Vorform, die gute Ergebnisse bringt.

Auch bei größeren Seminaren sind solche Spielarten bekannt. Sie heißen dann ggf. Familien. Die Teilnehmer werden in solche Familien, oft mit nur einem halben Dutzend Teilnehmer, eingeteilt. Sie sollen sich am Rande des Seminars locker zum Austausch treffen und bekommen manchmal auch Arbeitsaufgaben. Wichtig ist jedoch, daß immer wieder zu diesen Treffen, die dann in den Pausen stattfinden, aufgefordert wird bzw. evtl. eine eigene Arbeitsaufgabe dafür formuliert wird.

Wenn die Stammgruppe die Tagung dominiert, werden die Workshops zur Wissensaufnahme oft Nebensache und im Vordergrund stehen Arbeitsaufgaben, die in den Stammgruppen erledigt werden.

Können schon die Stammgruppen mehr oder weniger locker eingesetzt werden, gilt dies auch für Plenarveranstaltungen. Themen, an denen wirklich alle Teilnehmer interessiert sind (ggf. durch Punkte-Abstimmung ermittelt) werden nicht in parallelen Workshops sondern im Plenum präsentiert. Von Vorteil ist dann, daß in der nachfolgenden Stammgruppensitzung die Teilnehmer sich besser austauschen können als mit Statements oder Fragen im Plenum.

Insofern kann die Kernidee des GTG-Konzepts beliebig variiert werden. Es kommt auf das Tagungsziel an. Deshalb darf dieser Schritt - eben die Zielfestlegung - für die Planung einer Tagung nicht unter den Tisch fallen.

4.10 Große Tagungen mit mehr als 500 Teilnehmern

Was ist, wenn die Tagung größer wird? Bei 500 Teilnehmern kommen 25 Stammgruppen à 20 Teilnehmer zustande. Eigentlich können problemlos mehr Stammgruppen parallel arbeiten. Insofern hat das GTG-Prinzip keine Grenzen in der Größe der Tagung. Es werden nur mehr kleine Räume benötigt. Solche Tagungsstätten sind zwar schon nicht mehr so häufig, aber es gibt sie.

Problematisch ist, daß die Anzahl der Workshops dann zu groß wird, so daß nicht jeder Workshop von mindestens einem Mitglied der Stammgruppe besucht werden kann.

Bei Tagungen von mehr als 1000 Personen könnte noch eine weitere Ebene eingeführt werden. Dies entspricht der Verdichtungstechnik. Hier erfolgt ein Austausch von Delegierten aus jeder Stammgruppe.

Es muß dann im Zeitplan darauf Rücksicht genommen werden. Zwei Möglichkeiten bieten sich an:

1. Die Stammgruppen arbeitet während dieses Treffens der Verdichtungsgruppe weiter. Der Delegierte kommt dann zurück und berichtet. Dieser Zyklus wird (mit Wegezeiten) kaum unter 1 Stunde auskommen.

2. Der Delegierte ist ein Freiwilliger, der eine Workshoprunde aussetzt. Dann tagt die Verdichtungsgruppe während der Workshop-Zeit.

Die Version 2 ist sinnvoll zu praktizieren, wenn die Tagung sehr viel Wert auf diesen Queraustausch legt, was vielleicht bei Tagungen für Infoaustausch oder für Entscheidungen, auch für Formulierungstexte (Programme) von großer Bedeutung ist.

Bei reinen Fachtagungen oder hohem gemeinsamen Engagement, wie z. B. bei einer Verbandstagung oder einer Tagung des Berufsverbandes kann es eher hingenommen werden, daß die Stammgruppen nicht mehr alle Workshops „beschicken" und dadurch mit zunehmender Größe der Tagung nur Teilwissen erhalten. Es bleibt dann immer noch der Hauptvorteil der Stammgruppen: Nähe, Integration, Motivation.

4.11 Tagungen ohne vorheriges Programm

Jeder erfahrene Trainer und Moderator kennt Besprechungen und Klausuren, bei denen bewußt vorher kein festes Programm erstellt wurde. Die Themen ergeben sich im Ablauf selbst und werden dann in resultierenden Kleingruppen ggf. vertieft. Mit Moderationstechnik ist dies bis 30 Teilnehmern noch zu bewältigen, bei mehr Teilnehmern wird es langatmig im Plenum.

Beispiel 1: Offene Verkaufstagung

Ich selbst habe einmal eine Verkaufstagung geleitet, die bewußt ohne vorheriges Programm auskam. Die Außendienstmitarbeiter sollten deutlich den Eindruck haben, daß ihre Wünsche - die sie in der Tagung artikulierten, die Basis für die Verkaufsstrategie waren. Und hier wurde von mir die Möglichkeit eingeräumt, in festen Gruppen zu arbeiten und die Bedürfnisse des Vertriebes zu artikulieren.

Natürlich hatte ich schon vorgedacht, auch in Kenntnis des Marktes und des Denkens der Außendienstmitarbeiter, und einige Dinge technisch, werbemäßig und organisatorisch zur Präsentation vorbereitet. Wir fingen erst ganz bewußt mit offenen Fragen an. Wir verdichteten die Themen - und kamen sogar zum großen Teil zu den Strategien, für die ich etwas vorbereitet hatte. Die Motivationswirkung war enorm.

Dies ist gleichzeitig ein Beispiel für den innerbetrieblichen Einsatz von Veranstaltungen ohne vorheriges Programm.

Beispiel 2: Viele Teilnehmer präsentieren

Eine offene Technik ist auch für folgende Situation nötig: Viele Teilnehmer der Tagung wollen etwas präsentieren, sei es fachlich oder auch sich selbst. Ich habe einmal an einer Trainertagung teilgenommen, bei der ein solches Konzept praktiziert wurde. Es waren ca. 40 Trainer anwesend. Im Plenum wurden die Themen mit Karten auf Pinwand dargestellt. Anschließend thematisch zusammengehörend in zwei Züge mit linearem Ablauf eingeteilt.

Das Ergebnis war unbefriedigend, weil keine Gruppe von der anderen ausreichend Querinfo erhielt. Und weil auch kein Wechsel zum anderen Zug möglich war, denn der Zeitplan war nicht aufeinander abgestimmt.

Im folgenden Jahr kamen 30 Trainer wieder zu der gleichen Veranstaltung. Der Veranstalter hatte die Organisation etwas verbessert und trug diese nach einer ersten Themenübersicht im Plenum vor. Ich präsentierte kurz meine Alternative nach GTG. Damals kannte ich die Open-Space-Technik nicht.

Wie so oft, siegte die Empfehlung des Veranstalters über den Vorschlag aus den Teilnehmern (der meinige). Wir praktizierten dann die TPG-Form. In zwei Räumen fand eine Serie paralleler Workshops statt. Ganz interessante Themen (Punkte-Abstimmung) wurden im Plenum vorgestellt. Ich sorgte noch dafür, daß feste Zeiten vereinbart wurden und jeder die Erlaubnis für Wechsel erhielt - also nicht einem Raum fest zugeordnet wurde. Für den Abend wurden Berichte aus den Workshops vereinbart (Querinformation). Im Grunde war es damit eine OST-Form.

Es klappte aufgrund des Drucks einiger Personen leidlich.

Also durch Disziplin, harte Führung und das noch übersichtliche Plenum ging es gerade noch in (OST)TPG-Form. Ansonsten ist bei größerem Teilnehmerkreis hier gerade die GTG zu empfehlen.

Ein Rechenbeispiel für 50 Teilnehmer: Jeder Teilnehmer will eine Stunde präsentieren. Bei linearem Ablauf, jeder erlebt alles, dauert das 50 Stunden, also rund eine Woche. Weitere Grundannahme: die Tagung soll nur 2,5 Tage dauern, abzüglich Begrüßung, Schluß und Formalien sowie nötiger Pausen eine verfügbare Arbeitszeit von ca. 20 Stunden.

Organisationsform: 3 Stammgruppen à 17 Teilnehmer. Es wird immer 2 Stunden präsentiert, d. h. 2 Referenten in einem Raum, jeder eine Stunde hintereinander. Dann tagt die Stammgruppe 45 Minuten, zuzüglich 15 Minuten Pause. Macht für einen Zyklus 3 Arbeitsstunden. 7 solcher Zyklen sind möglich, so daß hintereinander rund 12–14 Referenten präsentieren können. Es müssen also 4 Präsentationen parallel laufen, also 4 Workshops. So kommen alle an die Reihe. Und in den Stammgruppen ist eine Querinformation möglich. Bei einer noch größeren Teilnehmerzahl müssen dann, wie im vorherigen Abschnitt beschrieben, noch mehr parallele Workshop-Züge eingerichtet werden und in den Stammgruppen sind dann nicht mehr alle vertreten, wenn die Gesamtteilnehmeranzahl über die Größenordnung von 500 geht.

Natürlich läßt sich eine solche Tagung auch rein in der TPG bzw. OST durchführen. Aber dann erfahren die Teilnehmer nicht viel von den anderen Veranstaltungen. Gerade die so mit GTG strukturierte Querinformation ist interessant. Sie erlaubt auch noch die persönliche Kontaktaufnahme mit Referentenkollegen, die man nicht besuchen konnte. Über eine Verdichtungsgruppe ist ein gutes Resümee der Gesamtveranstaltung möglich.

Beispiel 3: Namengebung

Eine besondere Aufgabe hatte ich einmal mit dem Thema, einen neuen Namen für einen Verein zu finden. Über eine Mitgliederumfrage hatte ich sowohl hierfür Material bekommen, als auch eine Liste von ca. 50 Interessenten zur Teilnahme an einem Workshop /Tagung. Ich lud dazu ein. Die Grundüberlegung war: Es handelt sich um ein heißes, emotionales Thema. Die Überzeugungen der Teilnehmer können also nur durch intensive innere Beteiligung in Bewegung gebracht werden. Und am Schluß müssen bei der Endauswahl auch vernünftige Sachargumente berücksichtigt werden. Das ist nur durch viel Teilnehmeraktivität, also Kleingruppenarbeit zu erzielen.

Der Ablauf sah folgendermaßen aus:

1. Plenum: Begrüßung, Ablauf
2. Stammgruppen: Kennenlernen, Brainstorming Namensideen. Erarbeitung von Kriterien, denen der neue Namen genügen muß.
3. Andere Gruppeneinteilung: Rangfolge der Kriterien
4. Stammgruppe: 1. Vorauswahl Namensideen. Dann Vergleich mit den Kriterien. 2. Vorauswahl.
5. Andere Gruppeneinteilung: Umsetzungsschritte und Anforderungen an den Verein zur Namensänderung. Liste (Mind-Map) erstellen.
6. Stammgruppe: Bericht. 3. Durchgang für Namensauswahl.
7. Plenum: Präsentation der Ergebnisse.

Das Ziel war nicht nur eine Festlegung auf einen Namensvorschlag, sondern auch die Einzelheiten zur Umsetzungsstrategie. Anschließend befaßte sich der Vorstand damit, danach wurde dies der Mitgliederversammlung zur Annahme vorgelegt.

Ohne festes Vorprogramm und rein durch sinnvolle offene Arbeitsschritte in Stammgruppen kam hier ein Ergebnis heraus, welches von den Teilnehmern emotional getragen wurde.

Beispiel 4: Tagung mit Themenfeldern, ohne Referenten

Beispiel ist eine Netzwerkzusammenkunft mit knapp 50 Teilnehmern, für die vorher bewußt kein Programm gemacht wurde. So sah der strukturierte Ablauf aus:

Beginn: Donnerstag um 19.00 Uhr

Ende: Samstag um 16.00 Uhr

Inhalt war die Diskussion der 4 Themenfelder

- o Entwicklung des individuellen Bewußtseins
- o Partnerschaft und Familie
- o Management und Wirtschaft, Wettbewerb und Kooperation
- o Bildung und Gesellschaft, politische Strukturen

in der voraussichtlichen Entwicklung bis zum Ende des Jahrtausends. Von wo gehen Veränderungen aus? Wie können die Veränderungskräfte gebündelt werden? Wie können wir diese Veränderungskräfte positiv unterstützen?

Der Ablauf im einzelnen

Donnerstag

19.00 Begrüßung und Organisation sowie Centering

20.00 Aufteilung in 4 Stammgruppen für die obigen Themenfelder. Vorstellung der Teilnehmer und Brainstorming im Themenfeld (1. Sitzung, Kennenlernen)

Freitag

09.00 Arbeitssitzung der Stammgruppen. Diskussion von 3 Stunden, ausgehend von IST-Situation. Kurze Betrachtung von Ideen für die anderen Themenfelder, mit Mitgeben für die nachfolgenden Mixgruppen.

12.00 Statt Plenarsitzung Bildung von Mixgruppen (je 2 Personen aus einer Stammgruppe, also 8 Personen), in denen die Teilnehmer aus der Arbeit ihrer Stammgruppe berichten.

13.00 Mittagessen und Pause

15.00 Fortsetzung der Stammgruppen (3. Sitzung), Entwicklung von Visionen im Themenfeld

19.00 Abendessen

21.00 Eine zentrale Verdichtungsgruppe (mit 2–3 Delegierten aus jeder Stammgruppe), parallel dazu freie Gespräche der Teilnehmer

Samstag

09.00 Kurze Plenarsitzung, neue Aufgabenstellung

09.30 Fortsetzung in den Stammgruppen (4. Sitzung) (insb. für Umsetzungsideen)

12.30 Mittagessen

14.00 Vier Mixgruppen aus mind. 2 Teilnehmern jeder Stammgruppe mit den 4 Themen: Mögliche Organisation und Termine im Netzwerk, Mögliche Kooperationspartner und Formen der Kooperation, Pressenotiz/Kommuniqué quasi als Resultat des Treffens für jeden Teilnehmer einmal mehr nach Innen, einmal mehr nach Außen.

Abschluß als Plenarsitzung (am 2. Nachmittag), Ende ca. 16.00 Uhr.

Im Ergebnis erhielten wir pro Themenfeld

- Thesenpapier
- Aktionsprogramm
- weitere Termine und Klärung der Organisation.

Der intensive Ablauf der Tagung, der Transfer zwischen den Gruppen und der weitgehende Verzicht auf lange Plenarsitzungen wurde durch den Einsatz von Methoden der GTG erreicht. Bewegungsübungen, Musik und Fantasiereisen steigerten die Kreativität und ließen die Teilnehmer nicht müde werden. Es war für alle ein unvergeßliches Erlebnis.

Anhand des Ablaufs ist zu erkennen, daß die Stammgruppen feste Arbeitsgruppen darstellen und der Schwerpunkt bei diesen Stammgruppen liegt. Die Querinformation wird durch die Mixgruppen aus jeweils 8 Personen in jeweils personell offener, veränderbarer Zusammensetzung (gewünschter Kennenlerneffekt) geleistet. Deshalb wurde auch der Freitagabend nicht noch generell als Mixgruppe strukturiert. Zugleich sammeln diese Mixgruppen von anderen Teilnehmern noch Ideen und Hinweise, die in der eigenen Arbeit eingebracht werden.

Eine andere Möglichkeit wäre gewesen, die Stammgruppen wie bekannt zu bilden, und dann jeweils zu festen Workshops pro Themenfeld aufzubrechen. Dabei ist aber zu befürchten, daß die Arbeit und Qualität leidet, weil dann die Teilnehmer thematisch wechseln und in jedem Workshop immer neu angefangen werden muß.

Aus den genannten Beispielen wird deutlich, daß die GTG-Form universelle Anwendungsmöglichkeiten zur Mobilisierung des Potentials aller Teilnehmer bietet, sogar ohne externe Referenten und ohne viele Vorbereitungen.

4.12 Monitoring der Tagungsleitung

Bei einer GTG-Veranstaltung sollte die Leitung der Veranstaltung ständig zirkulieren und prüfen, ob sich Schwachstellen in der Organisation ergeben haben. Ggf. ist es auch sinnvoll, flexibel auf Wünsche der Teilnehmer zu reagieren: vielleicht am zweiten Tag einen Workshop nochmals zu wiederholen, oder einen Workshop gerade nicht nochmals anzubieten. Hierzu hält die Tagungsleitung Kontakt mit den Workshop- und Stammgruppenmoderatoren bei allen Essenspausen (vgl. Anhang).

Insofern sollte auch die Tagungsleitung den Kopf frei haben und nicht selbst noch als Referent eines Workshop oder Stammgruppenmoderator auftreten. Sie kann jeweils Mäuschen spielen, ohne sich aber zu integrieren.

4.13 Ergebnis GTG

Die nachfolgende Bewertung soll das positive Feedback von GTG-Tagungen zeigen, es kann als repräsentativ eingestuft werden.

Kriterien:	Punktzahl (1-8)
Balance zwischen emotionalen und rationalen Elementen	7
Referenten beherrschen Thema	7,5
Abstimmung der Themen untereinander	6
Beachten von Transferaspekten	5,5
Keine (nicht nur) Theorie	6
Ankündigung gleich Inhalt	5,5
Ablauf des Symposiums	6

Abb. 4.5: Beispiel der Bewertung einer GTG-Tagung

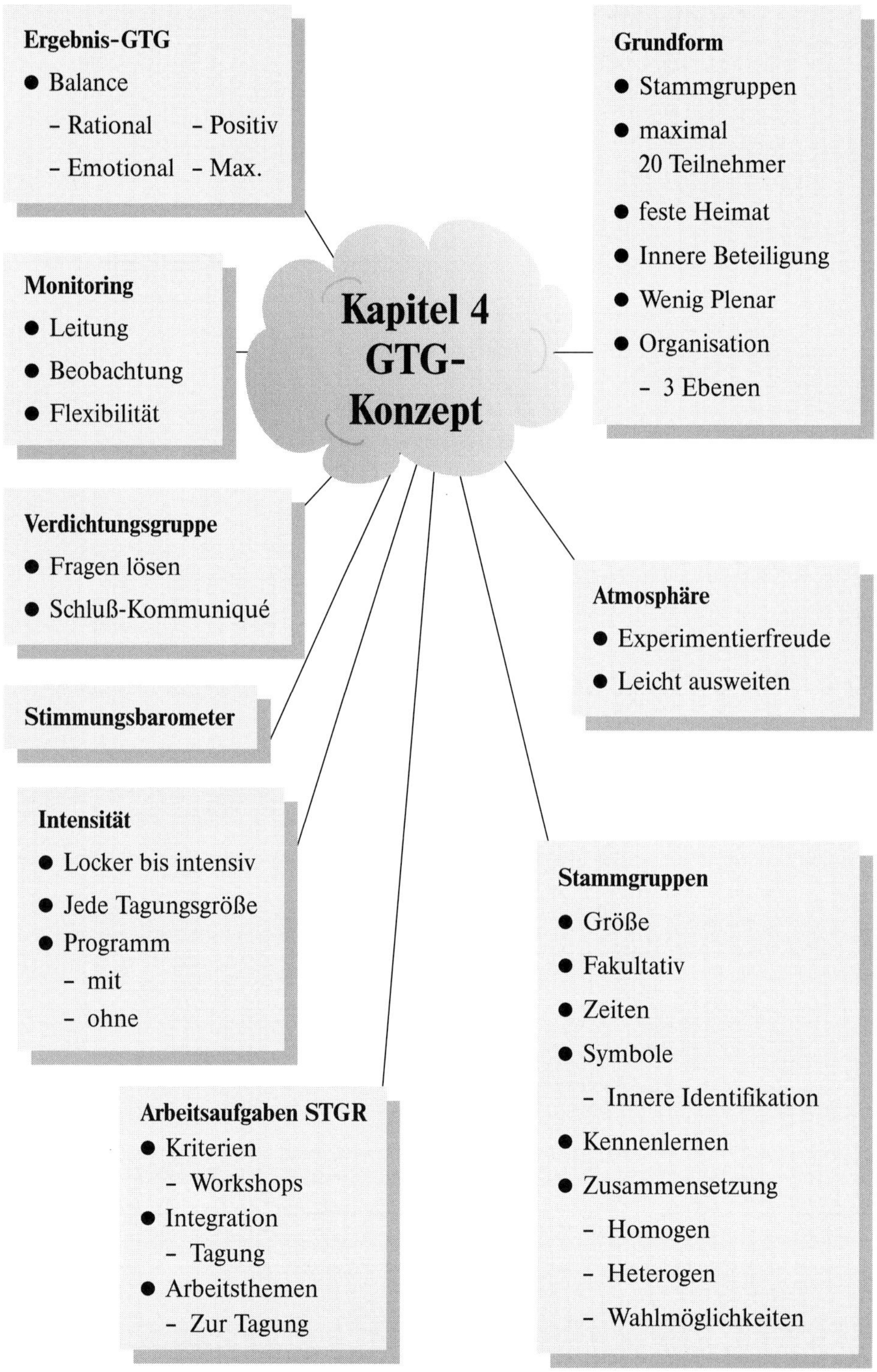
Kapitel 4
GTG-
Konzept
Ergebnis-GTG
● Balance
- Rational
- Positiv
- Emotional
- Max.
Monitoring
● Leitung
● Beobachtung
● Flexibilität
Verdichtungsgruppe
● Fragen lösen
● Schluß-Kommuniqué
Stimmungsbarometer
Intensität
● Locker bis intensiv
● Jede Tagungsgröße
● Programm
- mit
- ohne
Arbeitsaufgaben STGR
● Kriterien
- Workshops
● Integration
- Tagung
● Arbeitsthemen
- Zur Tagung
Grundform
● Stammgruppen
● maximal
20 Teilnehmer
● feste Heimat
● Innere Beteiligung
● Wenig Plenar
● Organisation
- 3 Ebenen
Atmosphäre
● Experimentierfreude
● Leicht ausweiten
Stammgruppen
● Größe
● Fakultativ
● Zeiten
● Symbole
- Innere Identifikation
● Kennenlernen
● Zusammensetzung
- Homogen
- Heterogen
- Wahlmöglichkeiten

5 Besonderheiten firmeninterner Veranstaltungen

Der Mensch ist Mittelpunkt.
Auch bei unseren Veranstaltungen.

5.1 Generell

Für Tagungen im innerbetrieblichen Bereich gibt es besondere Gesetze, die zu beachten sind. Dies ist zunächst die viel strengere Beachtung des Kosten-Nutzen-Prinzips seitens der Veranstaltungsleitung. Wenn sehr viele Mitarbeiter gleichzeitig aus dem Arbeitsprozeß herausgezogen werden, schafft dies Komplikationen. Die ausgefallene Arbeitszeit muß kalkuliert werden. So denke man beispielsweise an die Kosten einer Außendiensttagung. Aber gerade hier ist auch verwunderlich, daß oft noch klassische Organisationsformen verwendet werden, wenn auch zunehmend mit Event-Aktionen zur Stimulierung von Motivation und Aufmerksamkeit gearbeitet wird.

Es gibt folgende wichtige Punkte und Ziele, die bei firmeninternen Veranstaltungen zu berücksichtigen sind:

1. Die Teilnehmer kennen sich - oder sollen sich durch die Tagung besser kennenlernen, Kontakte knüpfen, Kommunikationshemmnisse zwischen den Abteilungen und Hierarchieebenen abbauen.
2. Die Veranstaltung dient deutlich produktiven Zwecken, z. B. verkaufen, Verbesserungsprojekte, Visionserstellung, Wissenstransfer zwischen Abteilungen, Produktentwicklung oder Modellwechsel.
3. Die Veranstaltung dient auch dazu, daß die Mitarbeiter - die oft von weit her anreisen - ihre persönlichen Punkte loswerden und klären können.
4. Die Veranstaltung dient ggf. der Vorbereitung konkreter Entscheidungen oder einfach nur der Information über gefällte Entscheidungen.
5. Die Veranstaltung dient allgemein der Motivation für das Unternehmen.
6. Bei Einsatz der GTG zur verstärkten Nutzung des Potentials der teilnehmenden Mitarbeiter ist natürlich von ihrem „Reifegrad" im Sinne der Lernenden Organisation, d. h. ihre Fähigkeit zur Selbstorganisation auszugehen.
7. Besondere Beachtung verdient das Thema „Alkohol" für die anstehende Bewirtung und den meist üblichen gemütlichen Abend. Der soziale Kontakt soll ver-

stärkt werden, ausufernder Akoholkonsum soll evtl. bei bestimmten Personen begrenzt werden. Das ist nicht einfach zu organisieren.

In fast allen Fällen ist deshalb das Instrumentarium GTG die beste Organisationsform in Hinblick auf die Wirksamkeit. Lediglich bei der Bekanntgabe von Entscheidungen bzw. Informationsverbreitung und einer Unternehmenskultur, die nicht wirklich auf Beteiligung der Mitarbeiter abzielt, könnte die lineare Form der Tagung (mit Events zur Auflockerung) eine Alternative sein. Strebt das Unternehmen eine neue, offene Kultur im Sinne der „lernenden Organisation“ an, so ist es um so wichtiger, mit Formen im Sinne von GTG zu arbeiten.

Im Sinne des erwähnten „Reifegrades“ lassen sich folgende beide Extreme unterscheiden:

a) Mitarbeiter mit wenig Qualifikation (hoher Anteil gewerblicher Mitarbeiter aus der Produktion) und solche, die bislang wenig Einbeziehung gewöhnt sind sowie

b) Mitarbeiter hoher Qualifikation, Motivation und Selbstverantwortung.

Entsprechend wird der Ablauf unterschiedlich sein. Auch die Open-Space-Methode ist in einigen Fällen gut geeignet, wenn die Teilnehmer hohen Reifegrad für Selbstorganisation aufweisen und so das Ziel der Gemeinsamkeit direkter angestrebt werden kann.

Eine besondere Rolle spielen externe Referenten bei innerbetrieblichen Veranstaltungen. Reden des Chefs und bestimmter Fachverantwortlicher sind üblich. Ein externer Referent aber verleiht der Veranstaltung eine besondere Würze und kann Dinge eindrucksvoller nahebringen als der Chef. Außerdem mögen es die Teilnehmer als Belohnung oder Aufmerksamkeit empfinden, wenn die Firma Kosten und Mühe aufwendet, um eine prominente Persönlichkeit zu einem Referat zu engagieren. Das erhöht die Motivation. Zudem wirkt ein externer Fachreferent der Betriebsblindheit entgegen.

Das Marketing, also die Verbreitung der Einladung, wird bei innerbetrieblichen Veranstaltungen auch ganz anders aussehen, als bei offenen Tagungen/Kongressen.

5.2 Event-Veranstaltungen

Wer kennt nicht mehr die Werbung „Es war schon immer teurer, einen besonderen Geschmack zu haben“? Das gilt genau für Events. Es handelt sich eben um größere Veranstaltungen mit mehr Aufwand für

- Mitarbeiter
- Kunden, z. B. Händlertagung
- Presse
- seltener wohl für Lieferanten und Finanzierer (Banken und Aktionäre).

Innerbetrieblich und teilweise mit Kunden wird diese Form der Veranstaltung zunehmend eingesetzt. Im Grunde sollen bei Event-Veranstaltungen die Sinne der Teilnehmer noch mehr angesprochen werden. Events boomen. Soeben ist auch ein neuer Beruf geschaffen worden: Event-Elektroniker, der bei Veranstaltungen dafür sorgt, daß alles im richtigen Licht erstrahlt und auch die Töne gut klingen. Der klassische Event ist ein Tag der offenen Tür.

Im Rahmen dieses Buches interessieren Events, die mit Vorträgen und Informationen gekoppelt sind, keine reinen Shows. Bei einem gelungenen Event sollen alle 5 Sinne des Menschen angesprochen werden. Dazu gehört auch, aber nicht nur, der Geschmackssinn. Die Dekoration kann stark eingesetzt werden, indem der ganze Raum z. B. als Space-City gestaltet ist. Entsprechende kurze Theaterstücke werden präsentiert. Eine Multivisions-Show gehört ggf. noch dazu. Der Kreativität der Event-Agenturen werden dabei nur durch die Kosten Grenzen gesetzt.

Kennzeichen solcher Event-Veranstaltungen sind in der Regel Produktbotschaften, die Spaß bereiten, die die Gefühle ansprechen. Auch die „Road-Shows“, mit denen Kunden und Interessenten in teuren Hotels Produkte einer Vertriebskooperation vorgestellt werden, sind schon kleine Events. Wie bei allen unternehmerischen und marketingrelevanten Entscheidungen ist es für alle Events wichtig, die Ziele und die Zielgruppen genau zu klären.

Zu diesen Event-Veranstaltungen ist auch der schon im Kapitel LT beschriebene Kommunikationsmarkt zu rechnen. Es gibt Firmengroßveranstaltungen, die diesen absolut in den Vordergrund stellen. Während die einfache Event-Veranstaltung zunächst als frontale Unterhaltung (Infotainment) angelegt ist, ist der Kommunikationsmarkt ein großer Schritt in Richtung persönlicher Beteiligung und Integration. Auch kann je nach Firmenzielsetzung die Betonung mehr auf allgemeiner Unterhaltung (Beispiel „Rodeo-Stand“) oder fachlich-sachlichem Input (Beispiel: Moderne Lerntechniken, Sprachenlernen, Werbekampagne XY) liegen.

Wenn das Unternehmen es ganz ernst meint mit der Beteiligung und Nutzung des kreativen Potentials der Mitarbeiter, dann wird die Integration durch Bildung von Stammgruppen verstärkt, damit auch das freie Fluktuieren an den Infoständen in direkte Verarbeitung umgesetzt wird. Und dann ist das Unternehmen schon auf dem Weg zur Lernenden Organisation.

5.2 Auf dem Weg zur Lernenden Organisation

Das Thema ist momentan in aller Munde. Firmen, die auf sich halten, berichten schon in Pressemitteilungen und Geschäftsberichten über Aktivitäten auf dem Weg zur Lernenden Organisation.

Dabei handelt es sich um eine Fülle von Prinzipien und Aktivitäten, die hier im einzelnen nicht weiter dargestellt werden können. Davon sind im Rahmen der Optimierung von größeren Veranstaltungen folgende Punkte von Interesse:

- Mitarbeiter in ihrer Meinung ernst nehmen
- Systematische Entwicklung aller Führungskräfte und Mitarbeiter zu „persönlicher Meisterschaft"
- Team-Entwicklungsprozesse und entsprechende organisatorische Aktivitäten in Richtung Gruppenarbeit, Quality Circle, KVP, Lernstatt etc.
- Entwicklung einer „gemeinsamen Vision" (siehe auch die Abschnitte über Zukunftskonferenz und Vision).

Bei all diesen Aktivitäten sind in den Unternehmen über Seminare hinaus Zusammenkünfte der Beteiligten notwendig, die länger als gerade mal 2 Stunden dauern und - bis auf die kleineren Unternehmen - mehr als 30 Teilnehmer umfassen. Hier setzt wiederum die Frage an, wie diese Zusammenkünfte organisiert werden.

Sicher muß auf solchen Zusammenkünften auch die Unternehmensleitung einen Vortrag über die Lage und die Geschäftspolitik halten. Das könnte noch nach den LT-Prinzipien geschehen. Aber ernsthafte Bemühungen um die Entwicklung einer Lernenden Organisation müssen sich vom GTG-Prinzip führen lassen. Wenn die Voraussetzungen dafür vorliegen, wäre sogar die Open-Space-Form noch idealer, weil diese das Gemeinschaftserlebnis stärkt. Aber diese bedarf dann schon einer stärkeren Entwicklung in Richtung Lernende Organisation. Da in ihrer Grundform den Mitarbeitern maximaler Raum für ihre eigenen Aktivitäten gegeben wird, muß bei stärker themenorientierten Veranstaltungen einfach eine Lenkung über Wissensinput und Themenorientierung in Workshops vorgenommen werden. Dann wird mehr die universelle GTG-Form zur Anwendung kommen. Natürlich ist es sinnvoll, soviel Open-Space wie möglich darin zu belassen, sowohl in der Initiative für weitere Workshops als auch intern in den Stammgruppen.

Bei allen firmeninternen Veranstaltungen muß der Chef und die Führungskräfte „zum Anfassen" da sein. Sie müssen zum persönlichen Gespräch bereit sein und auch Tabuthemen ansprechen können. Dabei kann es sehr sinnvoll sein, die Gruppen nicht in verschiedenen Räumen unterzubringen, sondern bewußt alle parallel in einem großen Saal arbeiten zu lassen. Das verstärkt das Gemeinschaftsgefühl und die Identifikation mit dem Unternehmen. Drescher hebt diesen Aspekt bei Großformen der Moderation hervor und betont, daß eine solche Veranstaltung in eine systemisch angelegte langfristige Personal- und Unternehmensentwicklung eingebettet sein muß.

In einem nachfolgenden Kapitel wird speziell für Entscheidungen die Skizze einer intensiveren Methode zur Nutzung des vollen Potentials aller Teilnehmer vorgestellt.

5.3 Mitgliederversammlungen, Betriebsversammlungen

Diese beiden Arten von Versammlungen dauern für sich genommen oft nicht länger als 1–2 Stunden. Die Mitgliederversammlungen von Verbänden sind meist Teil einer Großveranstaltung, eines Kongresses.

Mit den bisher dargestellten Verfahren kann hier noch viel Potential mobilisiert werden. Für Mitgliederversammlungen ist folgende Vorgehensweise empfehlenswert:

- Den Rechenschaftsbericht und die Regularien ganz abkürzen
- Dann die Teilnehmer in Stammgruppen arbeiten lassen, bzw. Kleingruppen bilden, ggf. zur Zeitersparnis durch Stuhlkreise im Plenum
- Kreativität anspornen, offene Fragen stellen
- Der Vorsitzende bzw. Chef wandert von Gruppe zu Gruppe, spielt Mäuschen, wird auch mal etwas gefragt
- Weitere Führungskräfte moderieren ggf. die Kleingruppen
- Falls keine Zeit für Berichte ist, so reicht es aus, einfach nach einer Diskussion in den Gruppen Karten zu schreiben als Extrakt und diese auf vorbereitete, mit Themenüberschriften markierte Pinwände anzubringen
- Den Teilnehmern auf jeden Fall noch Zeit fürs Herumgehen lassen
- Später die Ergebnisse in Verbands-/Mitarbeiterbriefen abdrucken und seitens der Leitung beantworten, kommentieren

Für Betriebsversammlungen ist folgende Vorgehensweise zu empfehlen:

- Ansprachen Betriebsrat und Geschäftsleitung (Lagebericht und Geschäftspolitik)
- Bildung von Gruppen, die mit je 2 Pinwänden in moderierter Form die beiden folgenden Themenkreise beleuchten:
  Aktuelle Probleme und Fragen am Arbeitsplatz
  Aktuelle Gedanken und Fragen zur Geschäftspolitik

- Pro Thema 20 Minuten Ideen und Argumente sammeln, dann 20 Minuten Bewertung mit Klebepunkten. Die 3 wichtigsten Punkte auf Overhead-Folie schreiben.
- Wenn die Geschäftsleitung bzw. enge Vertreter die Gruppen besuchen, sollten die 3 wichtigsten Punkte, soweit schon vorhanden, ihr kurz mündlich angetragen werden
- Plenarschlußveranstaltung, in der jede Gruppe die 3 wichtigsten Punkte mit visueller Unterstützung vorträgt.

5.4 Betriebsfest/Wanderrallye

Eine wichtige Gemeinschaftsveranstaltung in allen Unternehmen ist ein Betriebsfest. Dieses dient im allgemeinen - neben dem Ritual - folgenden betrieblichen Zwecken:

- besseres Kennenlernen
- Abbau von Kommunikationsblockaden
- Motivation für das Unternehmen
- ggf. Info über die Politik des Unternehmens durch die Geschäftsleitung

Wie ein Betriebsfest abläuft, ist bekannt: eine Rede der Geschäftsleitung, einige Showeffekte, ggf. Events von Profis organisiert, Künstlereinlagen. Alles, wie es heute im Fernsehen noch professioneller geboten wird. Aber ein direktes Erlebnis.

Die Frage ist jedoch, ob dadurch wirklich die inneren, menschlichen Kontakte hergestellt werden, um die es geht. In der Regel sitzen dann doch die Leute zusammen, die sich schon kennen und mögen. Eine Sitzordnung, die die Teilnehmer wirklich mischt, nützt nicht viel, weil ja kaum Kontakt untereinander gefördert wird, sondern vorne das tolle (Event-)Programm abläuft.

Hierzu wird nun ein Kontrastprogramm vorgestellt, welches die GTG-Ideen aufnimmt.

Das Betriebsfest beginnt nicht erst am Abend, sondern mittags oder noch früher. Es wird kombiniert mit einem Ausflug, am besten mit einer Wanderung.

Hierzu werden die Mitarbeiter von einem (Fest-)Ausschuß in Gruppen eingeteilt, die jede Abteilung repräsentieren. Diese Gruppe fungiert wie eine Stammgruppe. Die Gruppen gehen in Abständen los, ggf. von verschiedenen Startpunkten. Zur Markierung der Gruppen wird man mit Buttons oder Anhängern (mit Symbolen käuflich in Spielwarengeschäften) arbeiten.

Die Gruppen durchlaufen verschiedene Spielstationen. Hier wird mit Sportgeräten, möglichst auch mit Produkten des Unternehmens (physischen Kontakt vermitteln), um Punkte gearbeitet oder mit firmenbezogenen Quizfragen.

Die Kreativität wird gefördert durch die Aufforderung, Blumen, Sträuße und Steine mitzubringen und den Festraum abends damit zu dekorieren (Bewertung als Anreiz).

Es gibt auch Zusammentreffen mehrerer Gruppen in Form von Wettkämpfen, um die Kommunikation zu fördern.

Es ist an den Stationen von Bedeutung, daß die Gruppenmitglieder Zeit haben, ihren Kollegen zuzusehen, sie anzufeuern, mit zu leiden, sich mit zu freuen. Das fördert den Kontakt, auch unter Menschen, die sich bis dato nur über die Sekretärin sprechen wollten. 5 oder gar 10 Stunden wandern und gemeinsam „kämpfen" kann Wunder ausrichten.

Und wenn dann der Abend kommt, die Gruppen an eigens für sie gerichteten und markierten Tischen sitzen, Preise an die Sieger verteilt werden - da bleiben diese „Stammgruppen" noch lange zusammen und vertiefen den Kontakt. Sie lösen sich erst sehr spät auf und dann erst finden die altbekannten Formationen zusammen. Damit ist ein großer Schritt für die Schaffung neuer Kommunikationswege getan, die Motivation gestärkt, und bei geschickter Gestaltung der Lernspiele das Wissen um das Unternehmen gewachsen.

Derartige Erlebnisse tragen Früchte für die Alltagsarbeit.

Betriebsfeste und -ausflüge kosten viel Geld, warum sollen diese nicht produktiver, zum Nutzen aller Mitarbeiter angelegt werden?

5.5 Unternehmensinterne Veranstaltung für Projekte

Es gibt Situationen im Betrieb, bei denen gezielt das Potential möglichst vieler Beteiligter genutzt werden soll. Situationen, in denen noch nicht einmal spezielles Fachwissen erforderlich ist, in denen die Motivation und Sinngebung gefördert werden soll.

Die folgenden Beispiele stellen solche Situationen dar:

Beispiel 1: Einführung eines Mitarbeiter-Beteiligungsmodells

Die Ziele der Veranstaltung sind:

a) Information über eine Beteiligung, inkl. Grundwissen über eine Bilanz und eine GuV.

b) Klärung der Mitarbeitermeinung über einige Eckpunkte im Beteiligungsmodell, z. B. wer über Ausschüttungen entscheiden soll (die Geschäftsleitung, ein Partnerausschuß, jeder Mitarbeiter selbst) und damit Feedback für Vertragsentscheidungen.

c) Verarbeitung der Teilnehmermeinungen, Motivations-Aufladung und Vorbereitung auf die innerbetriebliche Weitergabe an andere.

Ausreichend ist 1 Tag Dauer und Arbeit mit anschl. gemütlichem Beisammensein bis in den Abend hinein. Hier ist das GTG-Prinzip mit Schwergewicht auf arbeitsorientierte Stammgruppen ideal.

1. Als parallele Workshops werden Fachinformationen geboten:

- Bilanz und GuV, Rolle des Gewinns, verschiedene Funktionen
- Überblick Beteiligungsmodell, Struktur und zu klärende Eckpunkte
- die Geschäftspolitik und wirtschaftliche Lage des Unternehmens
- ggf. die schon vorhandene Unternehmensvision
- ein Workshop kann allein durch den Betriebsrat gestaltet werden

2. Jeder Workshop wird ggf. einmal wiederholt. In den Stammgruppen wird das Wissen ausgetauscht, ggf. mit einem Multiple-Choice-Fragebogen nochmals geklärt und vertieft.

3. Dann folgt in den Stammgruppen eine für alle gleiche Rangfolgeaufgabe mit Präsentation vor dem Plenum.

4. Nun ist das Basiswissen der Teilnehmer für das Feedback zu den Vertragseckpunkten vorhanden. Hierzu kann eine strukturierte Arbeit in jeder Stammgruppe erfolgen, oder es werden Workshops mit den Problemkreisen gebildet (Bericht dann innerhalb der Stammgruppen).

5. Zum Schluß ist die Abfassung eines Zeitungsartikels über die Mitarbeiterbeteiligung in jeder Stammgruppe eine ideale Integration zur Abrundung. Gleich auf Overhead-Folie mitgeschrieben, können diese Texte im Abschlußplenum vorgestellt werden. Hier ist es gerade von Vorteil, dies nicht in einer Verdichtungsgruppe machen zu lassen, sondern in jeder Stammgruppe – weil möglichst viele der Teilnehmer sich damit identifizieren sollen und es auf die genaue Formulierung und leichte Unterschiede nicht so ankommt. Statt der Vorgabe eines Zeitungsartikels kann jedoch auch ganz offen gelassen werden, in welcher Form, z. B. Sketch, die Integrationspräsentation erfolgt. Das ist dann auch ein schönes Abendprogramm.

6. Auch an eine solche Tagung könnte sich ein kleines Betriebsfest anschließen.

Beispiel 2: Modellwechsel in einem Großunternehmen

Ein bekanntes Unternehmen der Automobilunternehmen hat zur Vorbereitung des Produktionsanlaufs eines neuen Modells in einem Werk fast alle der 8000 Mitarbeiter geschult. Dies geschah als Tagesveranstaltung mit den Zielen:

1. Qualität verbessern
2. Kosten reduzieren
3. Lieferzeiten verkürzen
4. Standort und Beschäftigung sichern (Angstabbau bei den Mitarbeitern)
5. Informieren (über das Unternehmen)
6. Mobilisieren (Stärkung des WIR-Gefühls) und Motivation

Hierzu wurden 20 Veranstaltungen mit je 400 Teilnehmern durchgeführt. Diese wurden in 100 Gruppen zu 4 Personen (Stamm- bzw. Arbeitsgruppe) eingeteilt und ein unternehmensinterner Moderator sorgte in der Gruppe für die Einhaltung der Zeiten und regte alle Teilnehmer zur Diskussion an. Diese Moderatoren entstanden durch den Schneeballeffekt aus den Teilnehmern von vorherigen Veranstaltungen.

Für diese Gruppenarbeiten standen ausgefeilte, bebilderte und farbig gedruckte Unterlagen als Arbeitsmappe für jeden Teilnehmer zur Verfügung. Diese Unterlagen wurden „Lernlandkarten" genannt. Man kann sagen, daß das „instrumentierte Gruppenlernen" (IGL) hier sehr perfektioniert Pate stand. Dadurch war der Ablauf völlig strukturiert. In konzentrierter Form wurden so die Themen

- Kundensicht (mit einer Rangfolgeaufgabe der Kaufkriterien, Erkennung verschiedener Kundentypen)
- Produktinformationen (mit Kartenspiel, Konkurrenzvergleich)
- Qualitätsgesichtspunkte
- bestehende Herausforderungen (eine Rennstrecke symbolisierte das Ziel „zufriedene Kunden")
- bis zum persönlichen Aktionsplan

durchgearbeitet.

Der Erfolg dieser aufwendigen Aktion war meßbar durch Vergleiche mit früheren Modellwechseln. Die obigen Ziele 1–4 waren dabei die direkten Meßkriterien.

Das Beispiel zeigt, wie mit einer strukturierten Aktion (GTG mit reinen Arbeitsaufgaben für die Stammgruppen) der Einbezug von vielen tausend direkt beteiligten Mitarbeiter möglich und äußerst erfolgreich ist.

Beispiel 3: Erarbeitung und Verbreitung einer Unternehmensvision

Eine Unternehmensvision ist kurz gesagt zugleich Kompaß und Antriebsquelle. Es kommt dabei weniger auf die genaue druckreife Formulierung als auf die ausgehende Faszination und Gespräche darüber an. Dabei muß der Inhalt der Vision zu den Kernkompetenzen des Unternehmens passen, damit die Energie in die erfolgreiche Richtung gelenkt wird.

Folgender idealtypischer Weg wird vorgeschlagen, der etwa einen ganzen Tag dauert. Dies ist der Bedeutung des Themas sicher angemessen.

Beginn am Spätnachmittag und Arbeit in die Nacht hinein, sodaß der energetische Teil der Arbeit in den späten Abendstunden in den Stammgruppen erfolgt. Hierzu müssen speziell geschulte Moderatoren zur Verfügung stehen, am besten jeweils ein Duo, bestehend aus einem kompetenten Firmenmitglied und einem suggestopädisch ausgebildeten Trainer. Nach der Begrüßung und Einführung folgen:

1. Konstituierungssitzung Stammgruppe (Firmenquerschnitt)
2. Parallele Workhops über die Politik und Lage des Unternehmens in verschiedenen Produkt-/Markt- und Funktionsbereichen zum Informationsinput. Auch ein Workshop über die Struktur und Inhalt einer Vision mit Textbeispielen – Austausch innerhalb der Gruppen, auch Bericht, was alles in solch eine Vision gehört, was nicht, was der Sinn ist etc. – In jeder Stammgruppe (wenn nicht genügend geschulte Suggestopäden pro Gruppe zur Verfügung stehen, im Plenum) intensive Bewegungsübung, unmittelbar gefolgt von einer mentalen Phase (geführte offene Fantasiereise)
3. Anschl. in Kleingruppen von max. 4 Personen: Malen der Vision auf Flip-Chart
4. Innerhalb der Stammgruppen, Präsentation der verschiedenen Bilder durch die Beteiligten, jedes Symbol wird erläutert. Der Moderator schreibt diese Erläuterungen in Stichworten mit.

Am folgenden Morgen:

5. Vernissage aller Bilder im Plenum
6. Parallel dazu kommen die Moderatoren und ein weiterer Gruppendelegierter quasi als Verdichtungsgruppe zusammen. Die erarbeiteten Stichworte

bzw. Kurztexte werden auf FlipChart geschrieben gewichtet. Ein Ergebnis der wichtigsten Punkte für die Vision wird aufgeschrieben und kopiert.

7. Danach geht es in den Stammgruppen weiter. Diese arbeiten das Ergebnis durch, geben Korrekturen/Anregungen dem Moderator und weiterem Delegierten mit.

8. Diese gehen wieder in den Raum für die Verdichtungsgruppe, während die Stammgruppen sich schon mit dem Thema der Verbreitung, den Konsequenzen und der Umsetzungsstrategie der Vision beschäftigen.

9. In aller Regel wird das nun gefundene Ergebnis der Verdichtungsgruppe wieder rückkommuniziert, aber auch zur endgültigen Abfassung an einen Redaktionsausschuß mit Textqualitäten gegeben, der möglichst noch am Nachmittag arbeiten sollte, während die Tagung dann schon beendet ist.

10. Vorher ist natürlich noch eine Abschlußveranstaltung im Plenum, bei dem auch die Gruppen ihre letzten Arbeitsergebnisse präsentieren.

Wenn die Unternehmensvision auf diese Weise in einer Rohversion von einer Arbeits- bzw. Strategiegruppe vorliegt, muß diese in das Unternehmen hineingetragen werden (Information) und die Möglichkeit zu Änderungen/Ergänzungen gegeben werden (Motivation). Der Aufwand für diesen Ablauf ist ungefähr ein Tag. Die im folgenden Abschnitt beschriebene Sonderform der „Zukunftskonferenz" geht da noch weiter.

Die Verbreitung einer Vision wird zunächst über kurze Ansprachen (Verkündigungen) und über Mitarbeiterbriefe geschehen. Sie wird auch über Abteilungsbesprechungen und Zielgespräche mit den Vorgesetzten verbreitet. Als wirksamstes Instrument empfehlen sich jedoch wieder größere Veranstaltungen, die eine entsprechende Atmosphäre ausstrahlen. Die Bedeutung der Veranstaltung wird durch die Dauer unterstrichen und die Wirkung dadurch gefördert. Bei kürzerer Dauer wird nicht genügend Emotionalität geschaffen, die für das Thema benötigt wird.

Hierfür eigenen sich dann am besten Kommunikationsmärkte, die die Vision emotional darstellen und auch Feedback der Mitarbeiter einholen. Die Mitarbeiter können darin ihre Meinungen aktiv zum Ausdruck bringen. Es muß sichergestellt werden, daß dieses Feedback ausgewertet wird und in die Weiterentwicklung der Visionsformulierung eingeht. Dieser Prozeß muß für den Mitarbeiter nachvollziehbar sein.

5.6 Die Zukunftskonferenz

Die Zukunftskonferenz ist eine von Marvin Weisbord entwickelte und von Matthias zur Bonsen propagierte Form der intensiven gemeinsamen Erarbeitung der Unternehmensvision und Unternehmensstrategie. Die Teilnehmeranzahl ist auf ca. 72 Personen beschränkt. Sie ist gegenüber der vorstehenden Form der Visionserarbeitung zeitlich und inhaltsmäßig stark erweitert. Dadurch ist ein Sprung in Motivation und Reifegrad der Unternehmenskultur möglich - und angestrebt.

Diese Zahl ergibt sich durch die Plazierung von je 9 Personen an 8 runden Tischen. 9 Personen können noch gut miteinander direkt kommunizieren. Aufgrund der nachstehend beschriebenen Zusammensetzung findet alles ganz bewußt in einem Raum und nicht in verschiedenen Gruppenräumen statt.

Ein Tisch stellt nach unserer bisherigen Terminologie eine Stammgruppe dar. Diese ist bewußt abteilungmäßig und hierarchisch ein Querschnitt des Unternehmens. Es sind auch Kunden und Lieferanten dabei eingeladen. In bestimmten Arbeitsphasen werden Mixgruppen gebildet, die nach Interessenlage bzw. Abteilung zusammengesetzt sind.

Hier sollen nicht alle Details der Zukunftskonferenz beschrieben werden, dafür gibt es spezielle Literatur. Der Fokus liegt auf dem interessanten Ablauf, der Atmosphäre und der Relation zu den bislang dargestellten ganzheitlichen Prinzipien einer Tagung.

Ein spezieller Moderator ist pro Tisch nicht festgelegt. Es wird eine Arbeitsmappe verteilt und im Plenum anmoderiert.

1. Vergangenheitsphase

Die bisherige Situation wird innerhalb der Gruppe wahrgenommen, nicht bewertet und auch nicht verdichtet. Es erfolgt jedoch eine Inter-Gruppen-Präsentation, bei der durch den Plenarmoderator die Gemeinsamkeiten herausgearbeitet werden. Die Gruppen haben auf ihrem Tisch alle technischen Hilfsmittel zur Verfügung: Overhead-Folien, Poster, Farbstifte, Scheren, Zeitschriften für Collagen etc.

2. Gegenwartsphase - Außen

Zu Beginn wurden Trends in der Gruppe diskutiert. Dann wird als Plenararbeit auf Zuruf der Teilnehmer von mehreren Moderatoren vorne ein riesiges Mind-Map erstellt. Es bezieht sich auf die Trends im Umfeld: Gesellschaft, Technologie, Gesetzgebung, Kunden, Demographie etc. Diese werden mit Klebepunkten bewertet.

Danach erfolgt die Aufteilung nach Interessensgruppen, i. d. R. Abteilungen. Diese sollen wichtige Trends in ihrem Bereich identifizieren.

3. Gegenwartsphase – Innen

In der Gegenwartsphase – innen wird in den Interessengruppen fortgesetzt. Ziel ist die Herausarbeitung von firmeninternen Werten und Stärken.

- Worauf sind wir stolz? (Bewußtmachung gemeinsamer Werte)
- Was bedauern wir?

Die Ergebnisse werden im Plenum präsentiert.

4. Zukunftsphase

Nun geht es darum, ideale Zukunfts-Szenarien zu erstellen. Nach einer Anmoderation im Plenum können in den Tischgruppen nach Wunsch die verschiedensten Techniken zur Herausarbeitung und Präsentation verwendet werden, z. B. Brainstorming, Collage, Rollenspiel-Sketch. Gerade die Vielfalt der Techniken hat einen guten Effekt. Die Präsentationen erfolgen im Plenum, jeweils gemeinsam durch die gesamte Gruppe. Dann erfolgt die Bildung von 4 Paarungen, in denen Gemeinsamkeiten herausgearbeitet werden. Die verkürzten Versionen werden jeweils in einem Halbfinale und Finale zu einer – vereinfachten – Endversion verdichtet. Das Finale ist noch einmal eine spannende Verhandlung. Meist gibt es ca. 80 % Übereinstimmung der Gruppen in den Szenarien.

Parallel werden vom Plenarmoderator auf einem Chart die ungelösten Punkte sowie die Beispiele zur gemeinsamen Vision gesammelt.

5. Maßnahmenphase

Die Maßnahmenphase erfolgt wieder in den Interessengruppen.

Hier geht es um das Hervorlocken von „Commitment“. Dieser Phase wird mehr Zeit gewidmet. Das Ergebnis sind Projektgruppen. Es ist wichtig, daß die Mitarbeiter sehen, daß und wie es weitergeht.

Dieses System der Zukunftskonferenz wurde schon oft erprobt. Es ist im Rahmen der Prinzipien „Ganzheitlicher Tagung“ schlüssig und erfüllt die meisten der hier behandelten Grundsätze. So ist auch ein Austausch von Botschaftern der Gruppen möglich, die ihre Vision formulieren. Dadurch erhalten die verschiedenen Visionsentwürfe von vornherein mehr Gemeinsamkeit. Die unterschiedlichen Präsentationsformen erhöhen die Energie weiterhin. Die kurze Schilderung der Phasen zeigt auch, daß die atmosphärische Dimension stark angesprochen wird.

Weitere Perspektiven

Verfeinerungen sind natürlich noch möglich, die allerdings mehr Zeit benötigen:

- Einleitung der Visionsphase mit einem „energetischen“ Prozeß, dabei insbesondere Bewegungs- und mentale Phase, auch in dieser großen Gruppe.

- Stärkerer Einbau weiterer Elemente ganzheitlicher Methodik (Raumgestaltung, Musik, Bewegung etc.)
- NLP-Techniken, z. B. Walt-Disney-Strategie. Dabei handelt es sich um die Prüfung von Ideen in den 3 Phasen: Träumer, Kritiker, Macher. Walt Disney benutzte dazu 3 passend eingerichtete Räume, um sich in die entsprechende Stimmung zu versetzen.
- Fortsetzungskonferenzen, die mehr nach Open-Space-Technik gestaltet sind, im Gegensatz zur teils minutiösen Struktur der Zukunftskonferenz.

In der jetzigen Form werden für jede der oben beschriebenen Phase 3 Stunden benötigt, für die Maßnahmenphase eher das Doppelte. Optimal ist die Verteilung auf 3 Tage mit 2 Nächten zum Überschlafen. Von großer Bedeutung für den Erfolg erscheint, daß alle Teilnehmer durch Art und Inhalt der Einladung mit positiver Einstellung kommen und möglichst schnell in eine Phase der Offenheit gelangen. Wichtig ist ebenfalls, daß alle Beteiligten hinterher spüren, daß eine Umsetzung der beschlossenen Punkte erfolgt.

Die Schwachstelle einer solchen Zukunftskonferenz ist natürlich die Nachhaltigkeit. Von einer solch einmaligen und größeren Aktion allein können keine großen Bewußtseinsänderungen ausgehen. Deshalb sollte die Zukunftskonferenz nicht isoliert erfolgen.

Zur Einbeziehung der Zukunftskonferenz in einen Unternehmens-Entwicklungsprozeß ist es sinnvoll, eine oder mehrere Klausuren des obersten Führungsteams vorhergehen zu lassen, damit schon für die Zukunftskonferenz ein Rahmen in Strategie und Visionsgrundzüge gesetzt werden kann. Dann folgt die Zukunftskonferenz, aus der sich wiederum Projektgruppen ergeben. Diese werden personell mit Mitgliedern des obersten Teams verzahnt, welche noch eine oder mehrere Klausuren danach durchführen und darin die Details der Strategie ausarbeiten und ein Controlling-System installieren.

Bei Großunternehmen muß auf jeden Fall die von der Zukunftskonferenz erarbeitete Vision weiter an die übrigen Mitarbeiter verbreitet werden.

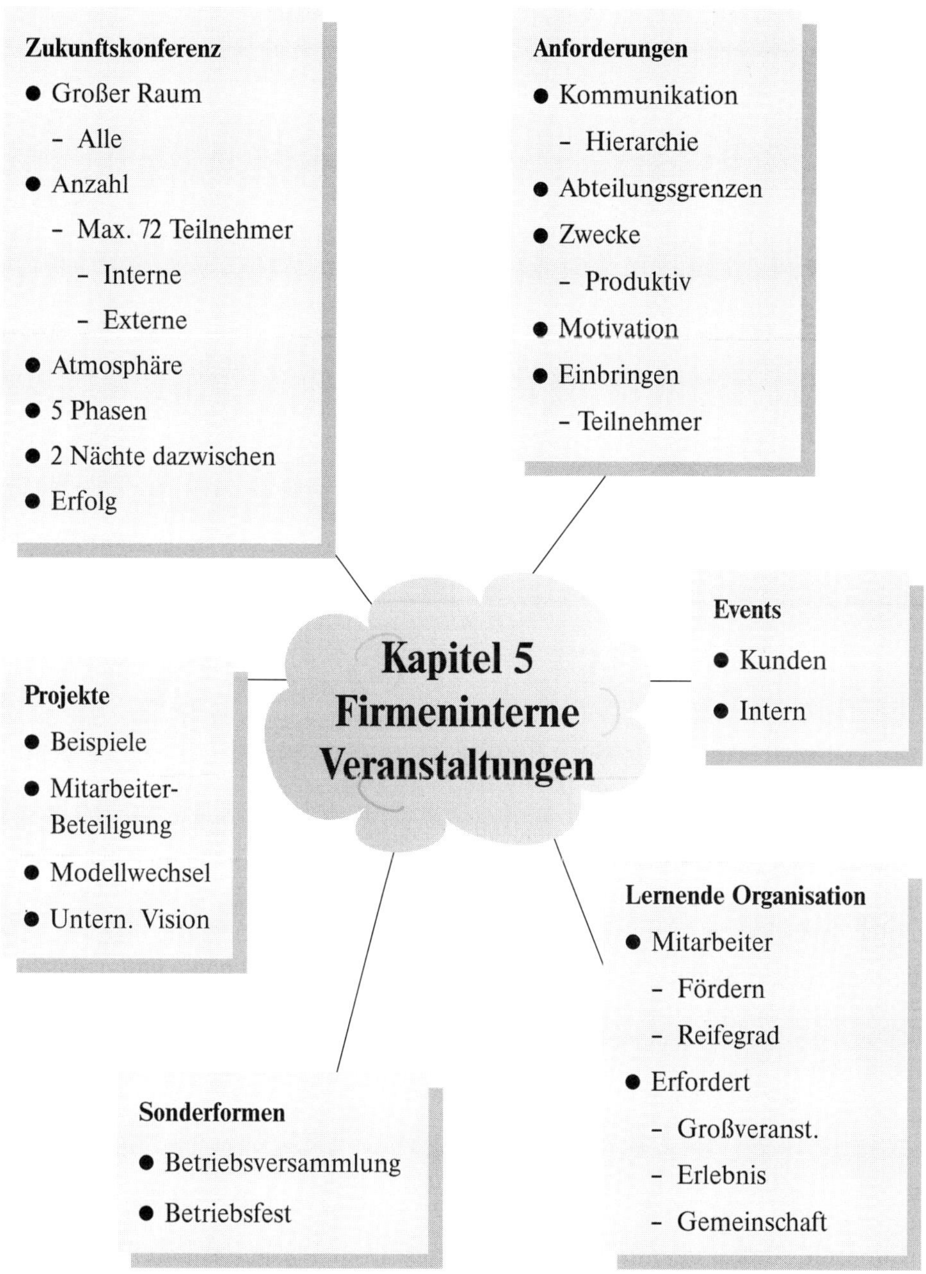
Kapitel 5
Firmeninterne
Veranstaltungen
Zukunftskonferenz
Großer Raum
- Alle
Anzahl
- Max. 72 Teilnehmer
- Interne
- Externe
Atmosphäre
5 Phasen
2 Nächte dazwischen
Erfolg
Anforderungen
Kommunikation
- Hierarchie
Abteilungsgrenzen
Zwecke
- Produktiv
Motivation
Einbringen
- Teilnehmer
Events
Kunden
Intern
Projekte
Beispiele
Mitarbeiter-Beteiligung
Modellwechsel
Untern. Vision
Lernende Organisation
Mitarbeiter
- Fördern
- Reifegrad
Erfordert
- Großveranst.
- Erlebnis
- Gemeinschaft
Sonderformen
Betriebsversammlung
Betriebsfest

6 Nutzung des vollen Individual-Potentials (VPG)

Die meisten Menschen gehen erst
auf sich allein gestellt ganz aus sich heraus.

6.1 Einführung: Synergie als Ziel

Über die bisherige 3-Teilung von Tagungsformen hinaus wird in diesem Kapitel der Gedanke der Nutzung des Potentials aller Teilnehmer zu einem optimalen Ergebnis noch weiter ausgeführt. Es gibt Veranstaltungsformen, vor allem im innerbetrieblichen Bereich, die das erfordern – nur wird bisher kaum versucht, das zu erreichen. Die vorstehend beschriebene Zukunftskonferenz bildet eine Ausnahme. Weil die Gruppen am Tisch der Zukunftskonferenz nur ca. 8 Teilnehmer umfassen, kann sich dort jeder mehr einbringen, als bei der doppelten Anzahl von Personen in Stammgruppen nach GTG, ganz zu schweigen von „normalen" Tagungen. Auch bei der OST steht der Aspekt der Aktivierung aller Teilnehmer absolut im Vordergrund.

Bei jeder Tagung wird versucht, den individuellen Einfluß zu ermöglichen und zu kanalisieren. Jede Wortmeldung eines Teilnehmers ist dafür eine Möglichkeit. Bei jeder Wortmeldung mit einem Vorschlag prägt dieser auch den weiteren Ablauf.

Moderations-Klebepunkte und auch Abstimmungen mit Elektronik sind eine weitere sinnvolle Form. Der Nachteil ist jedoch, daß solche Dinge dann unreflektiert sind. Dabei stellt sich die generelle Frage: Was bedeuten unreflektierte Klebepunkte und Abstimmungen? Gerade wenn es sich um ein wichtiges Thema handelt und nicht allein um ein „Stimmungsbild".

Ein Beispiel hierzu ist die TV-Sendung „Pro und Contra". Zu einem Thema werden die Zuschauer unreflektiert befragt. Beispiel: Todesstrafe. Vielleicht ist die Abstimmung zu Beginn 80:20 für die Todesstrafe. Dann folgen Expertenvorträge, Diskussionen. Zwischendurch wird wieder (elektronisch) die Meinung der Zuschauer im Sendesaal erfragt. Es kann sein, daß sich diese unter dem Einfluß der Sachargumente auf 40:60 verändert. Die Zuschauer bleiben dabei rein passiv, reflektieren die Argumente nicht im Gespräch.

Ein ganz prägnantes Beispiel für das, was mit Synergie gemeint ist, bietet der Film „Die 12 Geschworenen". Der Film beginnt nach Ende der Gerichtsverhandlung. Die Jury muß über Schuldig und Nicht-Schuldig abstimmen. Nur ein einziger der Geschworenen hat Bedenken, die übrigen wollen schnell nach Hause. Vordergründig sieht alles nach Schuld aus. Also 11:1 für Schuldig. Nun muß eine amerikanische Jury einstimmig urteilen. Es beginnt nun - teils widerwillig - eine Diskussion der Jury. Der Film zeigt den Verlauf der Nacht. Bald steht es 10:2, dann 9:3. Und am Ende lautet es 0:12 und somit Nicht Schuldig.

Ziel der Synergie ist es, als Gruppe ein besseres Ergebnis zu erreichen als ein Einzelner. Synergie wird nicht erzielt, wenn einfach nur nach Mehrheit und ohne Diskussion entschieden wird. Dann wird nur ein Durchschnittsergebnis erreicht. Synergie wird ebenfalls nicht erreicht, wenn die Mehrheit die Minderheit einfach niederredet. Die Synergie funktioniert auch nicht optimal, wenn eine dominante Person die anderen niederredet.

Das Gruppenergebnis ist dann am besten, wenn sich alle intensiv bemühen, Sachargumente einzubringen und sich persönlich zu beteiligen. Bei schweigsamen Teilnehmern muß auf diese eingegangen werden. Sie müssen direkt angesprochen werden, deren Argumente erfragt werden. Es ist von großer Wichtigkeit, die intensive Sachdiskussion, das Zuhören und Mitdenken zu fördern. Dadurch wird die Qualität der Entscheidung stark verbessert.

Erst wenn kein Konsens gefunden werden kann, kommt es auf die Mehrheit an. Auf die Mehrheit deshalb, weil dort auch mehr Gruppenenergie in der Umsetzung liegt. Lieber die zweitbeste Entscheidung umsetzen, aber dann auch mit der ganzen Kraft der Gruppe. Jedoch Vorsicht, wenn es sich um eine weichenstellende strategische Entscheidung handelt. Dann muß mehr Zeit aufgewandt und der Versuch der Synergie unternommen werden. Der Gruppen-Diskussionsprozeß muß verlangsamt werden.

Für das Ziel der Synergie muß jeder Beteiligte intensiver mitdenken. Mit schnellen, recht unreflektierten Abstimmungen wird kein besseres Ergebnis, keine Synergie erreicht.

Auch in der normalen Stammgruppe in der bisher dargestellten Form kommt das Potential jedes individuellen Teilnehmers noch nicht genügend zur Entfaltung. Schließlich geht es darin zunächst um Berichte und um die Steigerung des Erlebnisses und der Integration. Dabei ist die Größe der Gruppe zu hoch. Auch die 9er-Gruppe der Zukunftskonferenz ist noch zu groß, allerdings geht es bei der Zukunftskonferenz schon mehr um die Gefühle der Teilnehmer. Je mehr es aber um intensive Einbringung jedes Teilnehmers und möglichst synergetische Entscheidungen geht, um so mehr muß die Gruppe verkleinert werden.

Bei der OST ist ebenfalls eine starke Aktivierung der Teilnehmer gegeben. Die Energie wird jedoch nicht auf den Punkt gebracht, weil das kreative Chaos und die Atmosphäre der Gemeinsamkeit wichtiger sind. Sind ganz konkrete, wichtige Problemlösungen nötig, muß eine Lenkung erfolgen. Damit wird die OST verlassen.

Konsequenterweise ergibt sich eine neue Veranstaltungstechnik, die VPG: Eine Tagung zur vollen Nutzung des individuellen Potentials in großen Gruppen. Dabei handelt es sich weniger um eine eigene Tagungsform, sondern mehr um einen Zielfindungs- und Problemlösungsprozeß, der ein Maximum an Synergie vieler Beteiligter erbringen soll. Sie wird innerhalb einer Veranstaltung in Teilbereichen eingesetzt.

6.2 Optimierung von Entscheidungen/Zielfindung

Ausgangspunkt für den VPG-Prozeß ist eine innerbetriebliche Entscheidung. Dabei müssen sowohl die Unternehmensleitung als auch die Teilnehmer an optimalen Entscheidungen interessiert sein. Angenommen, es gebe ein Fülle von Kosteneinsparungsmöglichkeiten, und die erfolgversprechndsten Ansätze sollen gefunden werden. Es soll nach der optimalen Marketingmaßnahme gesucht werden oder es geht um sachliche Kernargumente in der Firmenvision. Ein synergetisches Ergebnis ist gewünscht, also die volle Nutzung des individuellen Potentials aller Teilnehmer, die etwas beizutragen haben und dies wollen.

Wie kann die Mitdenk-Beteiligung für eine noch bessere Entscheidungsselektion und die anschließende Umsetzungsenergie weiter maximiert werden? Das Grundprinzip dabei ist: intensive Beteiligung jedes Einzelnen durch Diskussion in Paargruppen, wodurch jeder Teilnehmer sich maximal in die Problematik hineinversetzen muß und am stärksten innerlich beteiligt wird. Das Geheimnis besteht in der Zusammenführung der Meinungen nach dieser Phase in ähnlicher Form wie beim KO-System als Selektionsprinzip.

Dies sei am Beispiel von 64 Teilnehmern beschrieben. Der Ablauf ist wie folgt:

1. Jeder Teilnehmer bekommt zum Start ein Formularblatt mit seiner Nummer. Als Einzelarbeit muß jeder Teilnehmer auf dem Formular erst selbst 3 Ideen entwickeln (bzw. selbst aus der Vorarbeit in Gruppen auswählen), mit jeweils mindestens einem Für- und einem Gegenargument.

2. 32 Paare werden auf FlipChart angeschrieben, die sich 10 Minuten zusammensetzen. Dann diskutieren die Paare miteinander 10 Minuten. Auf einem numerierten Gruppenantwortblatt stellen sie 5 ausgewählte Ideen dar, mit Für- und Gegenargumenten. Sie einigen sich darüber, wer von beiden in der nächsten Runde dieses Blatt vertritt, wenn sie sich nicht einig werden, wird eine Münze geworfen.

3. Nun kommt die 2. Runde. Wie beim bekannten KO-System werden neue Paarungen durchgeführt, jetzt nur noch mit 16 Paaren. Wieder treffen zwei Personen zusammen, diesmal für 9 Minuten. Sie tauschen Ideen und Argumente aus. Dabei füllen Sie gemeinsam ein numeriertes Antwortblatt 2. Runde aus, diesmal mit 4 Ideen und Argumenten dazu. Und sie einigen sich wieder darüber (notfalls per Münze), wer von beiden in der nächsten Runde das Ergebnis vertritt.

4. Nun kommt die 3. Runde, mit 8 Paaren, verkürzt auf 8 Minuten, die mit 3 Ideen und Argumenten in die nächste Runde gehen.
5. Dann folgt die 4. Runde mit 4 Paaren, verkürzt auf 7 Minuten, weiterhin mit 3 Ideen.
6. Dann die 5. Runde mit 2 Paaren, verkürzt auf 6 Minuten, weiterhin mit 3 Ideen.
7. Dann kommt die letzte und 6. Runde mit nur einem Paar, weiterhin mit 3 Ideen.

Das dauert ca. 45 Minuten, aber wirklich jeder Teilnehmer hat am Ergebnis mitgewirkt. Die Zeiten und die Anzahl der Vorgaben können leicht verändert werden. Die Zeiten werden von Runde zu Runde verkürzt, weil die Argumentation schneller geht.

Verlustzeiten bei den neuen Rundenbildungen können vermieden werden, wenn im Saal Stühle aufgebaut sind, bei denen der Paarvertreter jeweils eine Stuhlreihe vorrückt und dort das neue Antwortformular (bzw. für beide ein Exemplar) schon vorfindet. Dann entfällt die Numerierung und das Platz-Suchen.

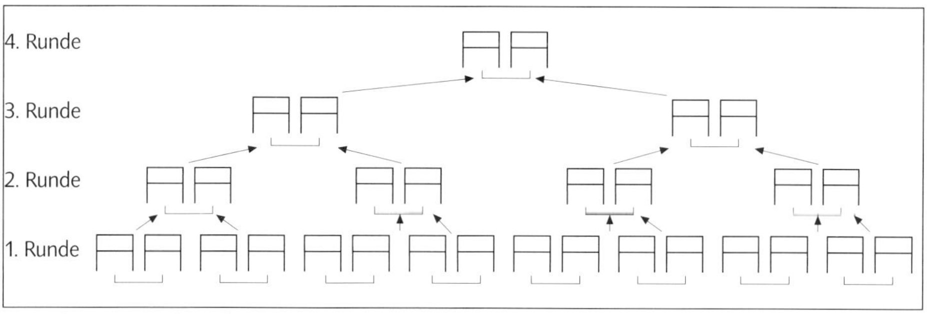

Abb. 6.1: Stuhlaufbau für VPG

Folgende Varianten sind noch denkbar:

Am Anfang könnte es erlaubt sein, daß „ausscheidende" Teilnehmer als stille Zuhörer eine Reihe mitwandern, was ihre Identifikation mit dem Ergebnis erhöht.

Es ist auch sinnvoll, erst einmal 2 Diskussionsrunden mit immer neuen Paarungen laufen zu lassen, ohne daß jemand ausscheidet, um das Annähern der Teilnehmer in der Diskussion zu ermöglichen. In der zweiten Runde, die in der gleichen Reihe stattfinden kann, müssen alle einen Platz nach links rücken und der ganz links Sitzende läuft auf die andere Seite der Reihe und wird zum Rechtsaußen. Dann geht es mit dem pyramidenförmigen Aufbau der Stuhlreihen weiter.

Informationsinput vor dem Start

Oft wird es günstig sein, vor Beginn eines solchen Selektionsprozesses Sachinformationen in der Stammgruppe, in parallelen Workshops oder durch einen Kurzvortrag im Plenum zu geben. Ähnlich wie bei der bereits beschriebenen Netzwerktagung mit verschiedenen Themenfeldern können auch Quer-Austauschgruppen (Mixgruppen) installiert werden. Eine weitere Möglichkeit zur Steigerung der Kreativität ist die Gestaltung einer mentalen Phase in Form einer Fantasiereise, ist das Ganze ein energetischer Prozeß, kann die Synergie noch verstärkt werden.

1. Sachlicher Input und methodischer Input („es ist wichtig, daß jeder aus sich herausgeht")
2. Intensive Bewegungsphase
3. Mentale Phase mit offenen Impulsfragen
4. Ggf. Stammgruppenzusammenkunft zum Austausch
5. Selektions- und Entscheidungsprozeß in Paarungen
6. Danach folgt in der Veranstaltung die Planung der Umsetzungs-Maßnahmen.

Wichtig dabei ist, daß auch sonst zurückhaltende Teilnehmer mehr aus sich herausgehen. Das muß in der Anmoderation besonders betont werden und kann durch die spezielle Fantasiereise noch verstärkt werden. Eine weitere Möglichkeit ist, die ganze Gruppe nach dem Temperament in zwei Gruppen aufteilen zu lassen. Dann treffen bei der ersten Runde die Ruhigeren aufeinander und üben untereinander. Beim späteren Zusammentreffen mit den extrovertierten Teilnehmern sind sie dann schon mehr aktiviert. Dies zeigt nochmals das Hauptanliegen, das letzte Quentchen an Ideen und Energie in den Teilnehmen zu mobilisieren und zu nutzen - für alle.

6.2.1 Rollierende Bearbeitung mehrerer Themenkomplexe

Bei der rollierenden Bearbeitung bekommen die Teilnehmer neue Arbeitsaufgaben. Das könnte bedeuten, daß Sie schon mit der Bearbeitung eines weiteren Themenkomplexes beginnen. Sie setzen sich in die letzte Reihe und starten neu. Eine solche Vorgehensweise ist erforderlich, wenn es sich bei dem Arbeitsziel um ein Bündel von Alternativen, Zielen oder gar Kurztexten (Stichworten), z. B. über eine Vision handelt. Dann werden verschiedene Kernpunkte zur Diskussion gestellt.

Ggf. Phasen 1–4 wie oben, also der energetische Prozeß.

5. Bewertungsphase über Klebepunkte oder elektronisch. Damit ergeben sich z. B. 6 Hauptpunkte.
6. Start Selektionsprozeß mit dem wichtigsten Punkt 1, z. B. dem ersten Kernsatz der Vision, wofür zunächst nur das Stichwort vorhanden ist. Gemeint ist hier mehr der Inhalt des Stichwortes/Satzes, der meist eine offene Fragestellung enthält, z. B.
   - „Soll das Unternehmen, der Verein internationaler werden?"

- „Soll ein Wachstumsziel verfolgt werden?"
- „Soll eine Hochpreis-/Qualitätsstrategie verfolgt werden?"

Angenommen, daß 2 Runden ohne Ausscheiden vorgesehen sind. Mit der 3. Runde erfolgt nun die Änderung im Ablauf: die Hälfte der Teilnehmer macht bei der Selektion von Kernpunkt 1 nicht weiter und beginnt in Paarungen mit dem Kernpunkt 2.

Zur Vermeidung eines Chaos müssen die Stühle entsprechend vorbereitet gestellt werden. Wer bei einem Problempunkt ausscheidet und beim nächsten einsteigt, benötigt erst eine Taktphase zur Eigenreflexion auf dem Standardformular für das neue Thema. Hilfskräfte stehen bereit, die diese verteilen und auf die richtigen Plätze setzen. Die Taktphasen müssen jetzt einheitlich lang sein.

Und so geht es weiter: In der 4. Runde reduziert sich die Selektion von Kernpunkt 1 auf ein Viertel der Teilnehmer, das ausscheidende Viertel geht zu den Stuhlreihen von Kernpunkt 2 und erhält das Startformular zur Einzelarbeit.

In der 5. Runde machen noch ein Achtel der Teilnehmer für Kernpunkt 1 weiter. Die übrigen sind entweder in der 2. Diskussionsrunde der Partnerarbeit ohne Ausscheiden oder in der vorbereitenden Einzelarbeit.

So geht es dann weiter. Die Tabelle 6.1 verdeutlicht dies nochmals.

In diesem Zahlenbeispiel wird mit 64 Teilnehmern gearbeitet. Bei einer einheitlichen Taktzeit von 6 Minuten wird am Ende der 18. Runde (zuzüglich Runde 0 mit der allerersten Einzelarbeit) das 4. Problem entschieden (ca. 2 Stunden Gesamtzeit).

Entsprechend der Teilnehmerzahl muß eine solche Tabelle vom Verantwortlichen aufgestellt werden, damit er die Gesamtzeit der Aktion ermittelt. Wenn der letzte Problempunkt erreicht wird, scheiden die Teilnehmer sukzessive ganz aus und beginnen nichts Neues mehr.

So wirkt jeder Teilnehmer ganz persönlich und individuell am Endergebnis mit und fühlt sich an der späteren Umsetzung optimal beteiligt.

6.2.2 Kontrollselektion

Vorstehend ist schon die Möglichkeit beschrieben worden, daß die Ausgeschiedenen der ersten oder der zweiten Runde mit einem neuen Thema einen neuen Selektionsprozeß beginnen. Es kann jedoch auch sinnvoll sein, sie den selben Selektionsprozeß noch einmal weiterzuführen zu lassen, sozusagen als Doppel-KO-System. Diese Kontrollselektion ist von großem Interesse, um zu sehen, ob sie zum gleichen Ergebnis, zur gleichen Entscheidung führt. Dabei kann der Fall auftreten, daß die jeweilige zeitgleiche Endrunde zu verschiedenen Ergebnissen führt. Dann wird die Unternehmens- oder Tagungsleitung sich selbst oder einen Vertreter bestimmen, der sich mit

Runde	EA Pr1	PA Pr1	EA Pr2	PA Pr2	EA Pr3	PA Pr3	EA Pr4	PA Pr4
18								2
17								4
16						Ergebnis Pr3		2+6
15						2	2	2+8
14						4	2	4+10
13						6	4	6+12
12				Ergebnis PR2	2	2+8	6	9+13
11				2	2	2+12	9	15+11
10				4	4	6+15	15	20
9				2+6	6	10+20	20	
8		Ergebnis PR1	2	2+10	10	16+24		
7		2	2	4+16	16	24		
6		4	4	8+24	24			
5		8	8	48				
4		16	16	32				
3		32	32					
2		64						
1		64						
0	64							

Tab. 6.1: Rollierende Bearbeitung mehrerer Themenkomplexe bei VPG
(EA = Einzelarbeit; PA = Partnerarbeit; Pr1 usw. = Kernpunkte/Probleme)

den Endpaaren für die entscheidende Diskussionsrunde von dann 5 Teilnehmern zusammensetzt (evtl. mit den übrigen Teilnehmern als Zuhörer, als Goldfischglas-Methode). Damit ist im Sinne des Synergiestrebens sichergestellt, daß auch die Zweitmeinung in der Enddiskussion vertreten ist, und kompetent und engagiert argumentiert wird.

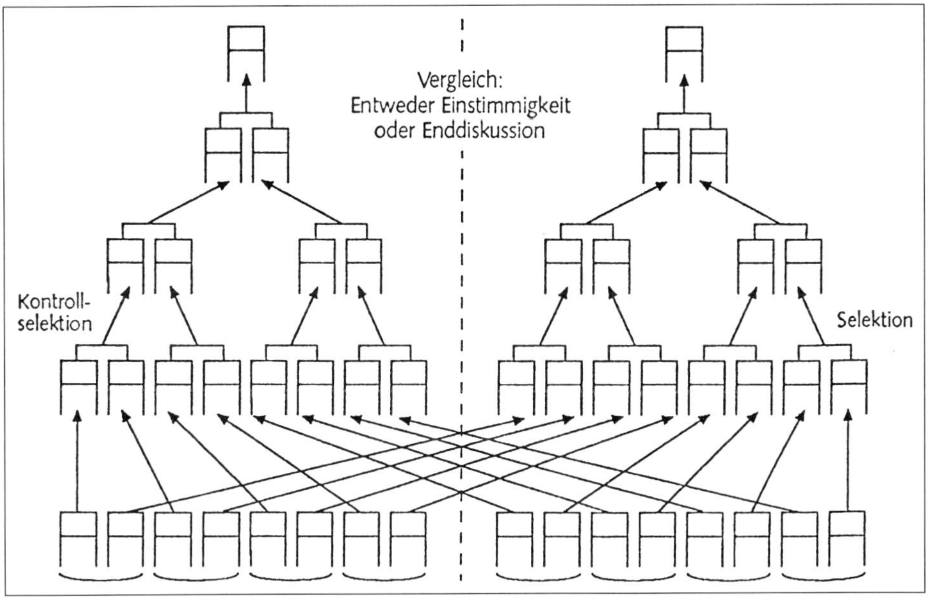

Abb. 6.2: Doppel-KO-System

Mit diesem VPG-Prozeß ist somit eine Perspektive beschrieben, wie eine ganzheitliche Tagung in der Auswahl der Arbeitsabläufe in Relation zum Tagungsziel noch wirksamer werden kann.

Mit 3 Personen statt einem Paar lassen sich ähnliche Effekte erzielen. 3er-Gruppen ermöglichen eine klare Entscheidung - bergen jedoch auch die Gefahr in sich, daß ein Schweiger in der Runde (mit guten Ideen) für seinen Beitrag nicht richtig aktiviert wird.

6.2.3 Konvergenz-Diskussion

Die beiden vorhergehenden Abläufe zeigen deutlich, wie sich Entscheidungen zuspitzen. Es kann auch sinnvoll sein, alle Teilnehmer zur Auseinandersetzung mit einer wichtigen Entscheidung zu bringen und dann am Schluß doch abstimmen zu lassen. Dies sieht folgendermaßen aus:

1. Einzelarbeit wie vorstehend beschrieben, evtl. kurze mentale Phase zu Beginn.
2. Partnerdiskussion wie vorstehend beschrieben, kein Ausscheiden.
3. Weitere 4–5 Paarungen ohne Ausscheiden.
4. Mentale Phase für die innerliche Entscheidung.
5. Abstimmung nach Mehrheit.

Zu Beginn sollte ein minimaler Informations-Input erfolgen, z. B. eine Rangfolgeaufgabe. Die Formulare aus dem Anhang können dabei unverändert genutzt werden. Eine solche Aktion dauert mit Taktzeigen von 7 Minuten nur ca. 1 Stunde, zuzüglich des thematischen Inputs vorher. Wenn es sich um eine wirklich wichtige Entscheidung handelt, ist das nicht zuviel und führt sicher zu mehr Synergie als lähmende Ping-Pong-Diskussionen einzelner Teilnehmer im Plenum.

6.3 Optimierung von Texten in der Großgruppe

Das Texten in Gruppen stellt sich oft als schwierig dar. So müssen z. B. als Ergebnis einer Visionstagung möglichst Texte und nicht Stichworte vorliegen. Und diese Texte sollen mit kraftvollen Adjektiven formuliert werden, damit von ihnen eine gewisse Anziehungskraft ausgeht. Dabei ist Präzision im Texten angesagt, was einerseits Detailarbeit bedeutet, andererseits spezifische Fähigkeiten voraussetzt, die nur wenige mitbringen. Da dieses Texten nicht im Plenum durchgeführt werden kann, ist es sinnvoll, daß ein kleines Redaktionsteam die Endarbeit leistet und derweil die übrigen Teilnehmer schon andere Themen bearbeiten oder sich informieren. Damit soweit wie möglich alle oder viele Teilnehmer integriert werden, bevor dieses kleine Redaktionsteam die Endarbeit den allerletzten Feinschliff gibt, hier ein Vorschlag im Sinne der VPG:

Angenommen, daß 12 Kernstichworte/Kurzsätze für den Visionsinhalt herausgearbeitet worden sind. Evtl. liegt durch die Arbeit mehrerer paralleler Kleingruppen für jedes dieser 12 Kernstichworte eine schöne, aber verschiedenartige Formulierung vor. Benötigt wird nun die emotionale und kreative Ausformulierung für jeden Punkt in einer einheitlichen Version.

Nehmen wir weiter an, daß 3 verschiedene Textversionen vorliegen, und zwar auf FlipChart, in jeweils der gleichen Reihenfolge der Punkte. Nun werden die ersten 4 Sätze aus jeder der 3 Visionen genommen und der Gruppe 1 gegeben. Die Sätze 5–8 werden an die Gruppe 2 gegeben, die restlichen an die Gruppe 3. So ergibt sich ein Gesamttext, an dem alle mitgearbeitet haben (natürlich etwas mehr die Personen, die gut texten können, während andere mehr Statisten waren, aber sie waren dabei).

Danach setzt nochmals die Arbeit eines End-Redaktionsteams ein, welches auch sicher nochmals um Formulierungen ringen wird. Aber alle übrigen werden das Ergebnis emotional stark interessiert zur Kenntnis nehmen, weil sie selbst bis kurz vor Schluß so intensiv daran beteiligt waren.

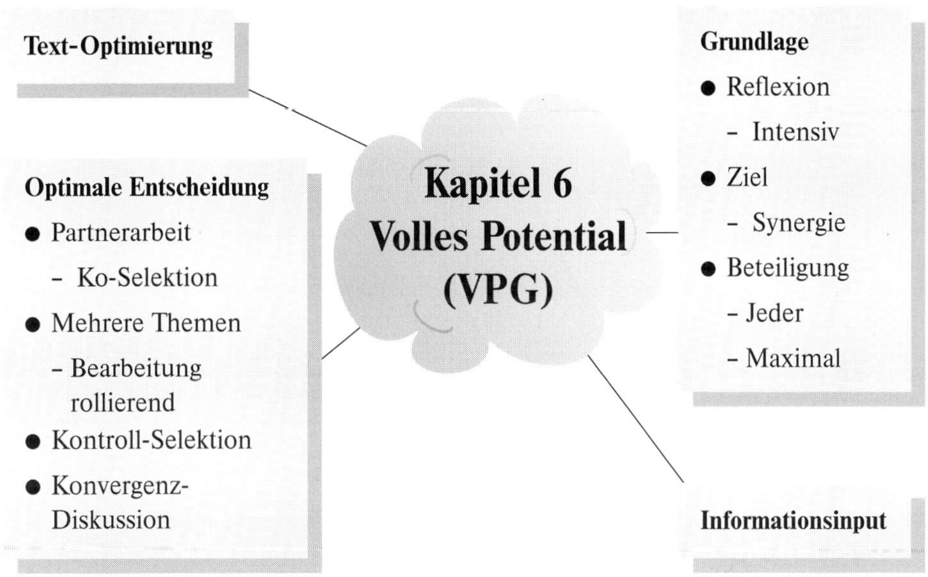
Text-Optimierung
Optimale Entscheidung
● Partnerarbeit
- Ko-Selektion
● Mehrere Themen
- Bearbeitung rollierend
● Kontroll-Selektion
● Konvergenz-Diskussion
Kapitel 6
Volles Potential
(VPG)
Grundlage
● Reflexion
- Intensiv
● Ziel
- Synergie
● Beteiligung
- Jeder
- Maximal
Informationsinput

7 Elemente zur Stimulierung des Potentials

Zum Erfolg gibt es keinen Fahrstuhl.
Man muß die Treppe benutzen.

7.1 Körper-/Geist-Stimulierung durch Bewegung

Bewegung ist für Menschen so wichtig, daß ihr ein eigener Abschnitt gewidmet werden soll. Bewegung macht den Körper frisch und führt dem Gehirn mehr Sauerstoff zu. Bewegung ist der stärkste Stimmungsfaktor und beeinflußt darum besonders die atmosphärische Komponente einer Tagung.

Die Bewegung beschränkt sich bei Tagungen meist auf den Wechsel zwischen Plenarsaal Bistrotisch im Foyer sowie zum Restaurant. Ansonsten wird der Aufzug benutzt. Und das vielleicht zwei Tage lang. Da ist es dann sogar von Vorteil, wenn die Wege in einem großen Hotel lang sind und sich das Restaurant nicht gleich neben dem Plenarsaal befindet.

Moderne Tagungen leisten sich manchmal für das Thema Bewegung ein paar Aerobic-Damen, die nabelfrei mit Mikrofon und flotter Musik auf dem Podium auftreten und die Übung für alle Teilnehmer ansagen. Direkt im Anschluß an das Mittagessen läßt sich diese Aktion auch nicht von den ausgefeiltesten suggestopädischen und kinesiologischen Techniken überbieten.

Aber das genügt im Grunde nicht. Der Tagungstag hat 8–10 Stunden, oft auch noch den Abend. Zu Beginn der Plenarsitzung sollte deshalb eine Bewegungsphase eingelegt werden, möglichst mindestens 5 Minuten, dann spätestens alle 2 Stunden wieder 3 Minuten. Am besten vor jedem neuen Vortrag 1–3 Minuten, also auch immer nach einer Pause. Und um so mehr, je wichtiger die Stimulierung des Potentials der Teilnehmer ist.

Diese Bewegungsübungen müssen im Plenum durchgeführt werden, denn in der Pause erreichen Sie nur die ohnehin überdurchschnittlich aktiven Menschen mit einer solchen Aktion. Es ist einfach zu schwierig, Menschen zur Bewegung zu bringen, wenn nicht alle gleichzeitig mitmachen. Und wenn sich die Menschen nicht kennen, ist es noch schwieriger.

Es ist nicht sinnvoll, einen Bewegungsspezialisten zu engagieren. Nur der Referent selbst kann im Zeitablauf beurteilen, wann Bewegung nötig ist und muß diese seinen Teilnehmern im richtigen Moment anbieten.

Leider wird in unserer Gesellschaft jede Art von Bewegung oft als Anstrengung empfunden. Deshalb sollte der Tagungsleiter die Frage der Bewegung nicht thematisieren oder gar zur Abstimmung stellen. Das Geheimnis liegt darin, es einfach zu tun. Hinterher spüren alle den wohltuenden Effekt. Es geht also einfach ums mitreißen. Besonders geschickt sind Übungen, die das Erheben aus dem Stuhl ganz nebenbei geschehen lassen, z. B. eine Übung, die mit Händereiben im Sitzen beginnt. Auch die sog. Glenn-Miller-Übung, bei der die Teilnehmer sich mit einem imaginären Jazz-Musik-Instrument in der Hand laufend aus dem Stuhl erheben, ist sehr wirksam und stimmungsfördernd.

7.1.1 Aerobic und isometrische Übungen

Bekannt sind zunächst Aerobic-Übungen, mit denen alle Gliedmaßen angeregt werden. Vom Stehauf-Männchen bis auf der Stelle laufen oder auch Tätigkeiten wie Holz hacken. Wichtig sind dabei vor allem die Übungen mit Öffnung der Arme, die die Brust weiten und tief einatmen lassen. Dazu noch alles, was mit dem Kopf gemacht wird (der auf der Tagung so sehr benötigt wird), also z. B. die Haare oder die Ohren massieren.

Die meisten dieser Übungen können mit sehr wenig Platz der Teilnehmer vor ihrem Stuhl und hinter ihrem Tisch durchgeführt werden. Da sie zunächst langweilig wirken, sollte eine solche Übung nicht zum Start einer Tagung eingesetzt werden. Eine Sonderform ist die Ja-Aktion. In Kurzform hier deren Ablauf:

Es sollte leise flotte Musik gespielt werden. Die Teilnehmer werden aufgefordert, laut zu gähnen und die Hände über den Kopf zu heben. Das wird wiederholt, während dazu Fragen gestellt werden. Die Teilnehmer sollen die Antwort singen:

- *Seid Ihr alle noch müde? – JA!*
- *Ist das eine interessante Tagung? – JA!*
- *Scheint die Sonne schön herein? – JA!*
- *Habt Ihr alle zu kurz geschlafen? – JA!*
- *Habt Ihr schön gefrühstückt? – JA!*

Dies sind natürlich nur anregende Fragen, die je nach Atmosphäre variiert werden müssen. 2–3 Fragen sollten auch zu den Tagungsthemen und -inhalten, Tagungsverantwortlichen und Referenten gestellt werden. Aber natürlich nur, wenn über eine Ja-Antwort Sicherheit besteht.

Auch ein Kreistanz in einer großen Gruppe von mehreren hundert Teilnehmern ist möglich. Wenn dieser noch Elemente synchronen Klatschens enthält, ist die Wirkung sehr stark, vor allem am Abschluß.

7.1.2 Kinesiologische Übungen

Kinesiologische Übungen stimulieren meist das Gehirn und verbinden die linke und rechte Hälfte des Gehirns besser.

Hier sind für Tagungen sinnvoll:

- Gehirnknöpfe (Teil der Übung „Unternehmensentwicklung“ im Anhang) zur Gehirnintegration
- Denkmütze (verbessert das Hör- und Denkvermögen)
- Energiegähnen (ist Teil der Ja-Aktion, verbessert die Gehirnintegration)
- Eule (Tips im Anhang), fördert das Hörverständnis sowie Denk- und Sprechfähigkeiten
- Fußpumpe (Tips im Anhang), verbessert Kommunikations- und Konzentrationsfähigkeiten
- Überkreuzbewegungen von Armen und Händen, wie z. B. beim Skilanglauf

Die Übungen genauer darzustellen, würde den Rahmen dieses Buches sprengen.

Es empfiehlt sich, diese Übungen folgendermaßen anzukündigen:

„Dies ist eine körperliche Übung, die das Gehirn stimuliert. Sie können damit Ihre Aufmerksamkeit und Konzentration steigern, Ihrer Müdigkeit entgegenwirken, einfach besser zuhören“. Das Fremdwort Kinesiologie lassen Sie einfach weg. Im Anhang finden Sie noch die Übung „Beginn mit Händereiben“.

Gut verwendbar sind auch Übungen aus dem Tai-Ji und Qi-Gong. Auch diese finden immer wieder viel Begeisterung und regen an. Sie wirken wie die kinesiologischen Techniken subtil auf die Energiebahnen des Körpers.

7.1.3 Suggestopädische Methoden

Mit suggestopädischen Methoden sind wirksame Bewegungsübungen gemeint, die in eine lustige Geschichte eingepackt sind. Hierzu gleich ein Beispiel, ein weiteres finden Sie im Anhang.

Beispiel: Abenteuer auf dem Speicher

Der Moderator steht bei dieser Übung am besten selbst auf dem Podium oder springt auf einen Tagungstisch. Er kann dabei natürlich kein Mikrofon in der Hand halten. Er muß es also umhängen oder benötigt einen Helfer.

„Wissen Sie alle, was ein Speicher ist?

Ja ... dann wollen wir jetzt mal alle zusammen auf den Dachboden unseres Hauses gehen und dort etwas stöbern. (flotte Musik einschalten)

Da gibt es zunächst eine kleine Treppe oder Leiter, die gehen wir nun hoch ... (im Stehen kräftig marschieren lassen)

Oben sind einige Regale mit allem möglichen Zeugs aufgebaut. Darunter und daneben liegen auch noch Sachen. Wir stochern mit den Füßen darin herum.

Erst mit dem rechten Fuß ... (Gelenk kreisen lassen)

Dann mit dem linken Fuß ... (Gelenk kreisen lassen)

Und da stehen noch unsere Ski. Wir freuen uns auf die nächste Saison und sehen uns schon die Piste hinabsausen. Spontan machen wir dazu die passenden Bewegungen ... (in die Knie gehen, dazu springen)

Und da entdecken wir einen alten Hula-Hoop-Reifen. Zurück vom Seminar ... sind wir so gelockert, daß wir diesen wieder spontan ausprobieren ... (Bauch kreisen lassen)

Zwischen den Regalen hängen einige Spinnen und wir sind nun darin verwickelt. Davon müssen wir uns erst mal befreien – und lassen unsere Arme in den Schultergelenken kreisen ... (Arme kreisen in den Schultern)

Im Regal entdecken wir eine alte mechanische Schreibmaschine. Natürlich müssen wir die mit allen Fingern ausprobieren – ist das nicht auch eine Wohltat für unsere Fingergelenke? (Finger tippen imaginär intensiv)

Und da liegen am Boden noch einige alte Bücher. Wir bücken uns und heben sie hoch. Was sind das für interessante Titel: ... (hier eigene Einfälle des Moderators, passend zur Tagung)

Wir blättern darin und finden plötzlich das Buch ... (aus dem Tagungsthema entnehmen), das sollten wir doch schon längst gelesen haben. Vor Schreck lassen wir alle Bücher fallen und raufen uns die Haare ... (Haare raufen und Kopf massieren)

Aber wir haben auf der letzten Tagung eine Übung gelernt, wie wir wieder ins seelische Gleichgewicht kommen: wir malen mit dem ganzen rechten Arm eine große liegende Acht in den Raum ... (die 8 in die Luft malen). So können wir gestärkt von unserem kleinen Ausflug auf den Dachboden wieder hierher zurückkommen.“

Diese Übung läßt sich nicht nur während der Tagung einsetzen, sondern gleich zu Beginn als „Eisbrecher“.

7.1.4 Bewegungsübungen, die Kerninhalte verankern

Für einige Tagungsthemen lassen sich Bewegungsübungen finden, die die Hauptinhalte der Tagung verankern. Als Beispiel möge die Übung „Unternehmensentwicklung“ dienen, die im Anhang abgedruckt ist.

Ebenso zählt hierzu eine Bewegungsübung, die die Energie für die Umsetzung der Ideen aus der Tagung stimuliert:

Der Moderator, in diesem Fall möglichst die Tagungsleitung selbst, muß erhöht stehen. Eine Hilfsperson muß ihm ggf. das Mikro vor den Mund halten. Alles fachliche zum Abschluß der Tagung muß schon gesagt sein, weil die Teilnehmer mit dieser Übung selbst das letzte Wort sprechen.

Einleitung der Übung:

„Ich lade Sie zum Abschluß zu einer Übung ein, die Sie fit für den Nachhauseweg machen wird. Wir sind damit fertig mit der Tagung. Sie haben vor allem das letzte Wort selbst dabei. Bitte stehen Sie alle auf. Wir beginnen, indem Sie folgende Bewegung nachmachen“

Folgende 4 Bewegungen demonstrieren und mitmachen lassen:

- auf den Boden fassen bzw. bücken
- auf die Oberschenkel klatschen
- auf die Brust schlagen
- Arme weit öffnen in der Luft

Nun flotte Musik einschalten:

„Jetzt sprechen Sie mir bitte nach:

Wunsch (dazu bücken)

Ziel (dazu auf die Oberschenkel klatschen)

Plan (dazu auf die Brust schlagen)

Handeln (dazu die Arme weit in die Luft öffnen, laut rufen)

Immer schneller werden im Ablauf, die Musik dazu lauter werden lassen.

Dann ganz lauter Ruf mit geöffneten Armen nach oben „Handeln“!

Wichtig dabei: Stehen bleiben, Standing Ovations abwarten, nichts mehr sagen.

7.2 Kennenlernaktionen/Förderung

Viele Großveranstaltungen prägen schon den Begriff der „Get-Together-Party". Dieses Defizit in den Sozialkontakten ist allen unterbewußt klar. Es wird versucht, diese Sozialkontakte bei viel lauter Musik und festen Tischen zu fördern, wobei das das Kennenlernen nicht unbedingt erleichtert. Hinzu kommt, daß diese Partys oder der festliche Abend frühestens am 1. Abend der Tagung stattfindet und somit der 1. Tag anonym und steril bleibt. Deshalb sollte möglichst gleich zu Beginn der Tagung die Integration in eine Gruppe durch das Stammgruppensystem erfolgen.

Eine erste Möglichkeit des Kennenlernens untereinander findet beim Empfang statt. Eine weitere Kennenlernaktion kann thematisch verbunden werden: Im Foyer sind Infostände und Pinwände zu verschiedenen Themen der Veranstaltung aufgebaut. Die Teilnehmer der Tagung werden gebeten, diese zu Beginn einer Pause aufzusuchen. Hier kann ein kurzes Kennenlernen stattfinden, welches per Moderation unterstützt wird. Dann folgt eine kurze Sachinformation, vielleicht eine Terminverabredung. Erst danach beginnt die eigentliche Pause.

Eine solche Aktion ist auch sinnvoll, wenn innerhalb einer Tagung vielleicht aktive Teilnehmer gesucht werden, die sich für bestimmte Themen (Arbeitsgruppen) mehr engagieren wollen oder sollen. Aus einer motivierenden Plenaraktion heraus werden diese gebeten, sich in der unmittelbar anschließenden Pause im Foyer vor bestimmten Pinwänden einzufinden, wo konkrete Verabredungen getroffen werden.

Beim System LT/TPG sind Gruppenaktionen im Plenum möglich, wie in den entsprechenden Kapiteln aufgezeigt. Nachzutragen ist für Gruppenarbeiten jeglicher Art (unabhängig von Stammgruppen) in den Workshops und im Plenum: **Es sollte vom Referenten/Moderator immer die Aufforderung erfolgen, sich vor Beginn namentlich vorzustellen und die Hand zu reichen.** Diese Ansage darf nicht vergessen werden. Damit bekommt die Veranstaltung eine wärmere Note für die Teilnehmer, die sich dann immer wieder im Vorbeigehen begrüßen.

Bei einer LT-Tagung mit einem vollem Plenum können z. B. Bonbons gekauft und auf ein Blatt aufgeklebt werden, das den Text enthält: „Bitte nicht essen, Aufruf abwarten." Die Teilnehmer finden dieses Blatt nach der Nachmittagspause auf Ihrem Platz vor. Es erfolgt dann per Overhead die Aufforderung, diese in einer Gruppe von 5 Teilnehmern mit den Nachbarn zu tauschen, bis man die ideale Sorte Bonbon erhält. Durch das Objekt „Bonbon" enthält diese Aktion eine starke emotionale Komponente, was die Kennenlernaktion unterstützt.

Das nachfolgende Beispiel zeigt eine weitere Möglichkeit auf, die Kennenlernsituation beim Start einer Veranstaltung zu strukturieren, die aufgrund der räumlichen Gegebenheiten nur als LT-Form ablaufen kann.

Beispiel: GABAL-Jubiläums-Symposium

Unter den räumlichen Bedingungen muß das Beste daraus gemacht werden, die Nähe der Teilnehmer untereinander und zu GABAL zu fördern, wie es die Prinzipien ganzheitlicher Tagung erfordern. Hierbei könnte am besten noch die Empfangssituation am Morgen genutzt werden. Stellen wir uns diese mal ganz aus der Sicht des Teilnehmers vor.

Schon am Eingang des Rathauses wird jeder Teilnehmer von einer als GABAL gekennzeichneten Person begrüßt und erhält einen Anstecker.

Im großen Treppenhaus hängen links und rechts einige Poster mit Sprüchen und Bildern, die zu GABAL passen.

Das Einchecken am Tagungstisch (3 Personen, nach PLZ markiert) ist sehr persönlich in der Anrede. Auch Vorstandsmitglieder sind dort bereit zu einer Begrüßung. Die Mappe wird ausgegeben. Der Hinweis auf das selbst zu schreibende Namensschild erfolgt. Ein kleiner Pappbecher mit Orangensaft wird angeboten.

Nebenan steht ein runder Terassentisch mit Sonnenschirm. Auf diesem befinden sich Namensschilder und bunte Filzschreiber sowie ein Hinweisposter über das Ausfüllen. Zuunterst wird aufgefordert zu notieren, was der Teilnehmer bei GABAL lernen möchte.

Es ist genügend Platz für mehrere an diesem Tisch, erste muntere Kontaktaufnahme ergibt sich. Sobald 6 Personen fertig sind, nimmt sich ein Helfer (Vorstandsmitglied, Regionalleiter) diesen Personen an und führt sie zu einem weiteren runden Tisch mit Sonnenschirm. Dort erfolgt nochmals eine persönliche Begrüßung und die Bitte, sich untereinander vorzustellen. Bei mindestens einem der Teilnehmer wird das kreative Namensschild gelobt.

Nach 5 Minuten wird diese Kleingruppe dann gemeinsam in eine der vorderen Reihen geführt und so von vorne das Plenum aufgefüllt. Die Information „Hier sitzen Sie den ganzen Vormittag, nachmittags können und sollen Sie jedoch in eine andere Perspektive wechseln und neue Leute kennenlernen" wird gegeben.

Auf den Plätzen liegt das „Give-Away"-Geschenk. Nun können sich die Teilnehmer, die sich nun schon kennengelernt haben, weiter unterhalten und die Zeit bis zum Anfang überbrücken. Einige legen nur ihre Mappe ab und gehen vielleicht auf die Empore, wo die Büchertische sind. Der Blick der Teilnehmer geht über die Wände und registriert dort das GABAL-Transparent, eine schon eingelegte lustige Overhead-Folie leuchtet von der Leinwand. Poster mit inspirierenden Sprüchen hängen an den Wänden. Blumen befinden sich neben dem Overhead und auf den langen Tischen.

Der Teilnehmer fühlt sich wohl.

Kontaktaktionen lassen sich auch passend zur Thematik der Veranstaltung konzipieren, um gleich eine thematische Einführung zu geben.

Bei einer DGSL-Veranstaltung sind 200 Teilnehmer. Jeder Teilnehmer erhält beim Empfang ein Praline, auf die unten ein halber Satz geklebt ist. Es sind Sätze, die zur DGSL-Thematik passen. Nun muß der Teilnehmer gesucht werden, der die passende Praline mit dem Satzbeginn oder Satzende hat. Das bewirkt viel Kontaktaufnahme und Kennenlernen.

Es kann auch ein fortlaufender Text passend zum Motto der Veranstaltung verfaßt werden. Dieser wird so ausgeschnitten, daß die Stücke immer ein Satzende und einen neuen Satzanfang enthalten. Die Teilnehmer müssen sich finden und einen großen Kreis bilden. Dann liest jeder seinen Teil vor und es ergibt sich eine kleine Geschichte. Damit lassen sich Tagungsinhalte verbinden. Für Verkaufstagungen dürfte dies von besonderem Interesse sein.

Eine weitere Aktion zur Förderung des Kennenlernens ist der Mind-Mapping-Methode entlehnt.

Heute gibt es zunehmend Teilnehmer an Tagungen, die bei ihren Notizen mit dieser Methode arbeiten und teilweise mit farbigen Stiften, teils sogar im A3-Format, die Vorträge strukturieren. Wenn das von der Tagungsleitung festgestellt wird, kann der Moderator dies im Plenum bekanntgeben und eine Pinwand im Foyer zur Verfügung stellen. Hier kann der Mind-Mapper dann sein Bild den Interessierten zeigen und es ergeben sich interessante Kontaktgespräche. Gleichzeitig wird der Inhalt des Referats/Workshops reflektiert.

Auch bei innerbetrieblichen Veranstaltungen sind diese Techniken von Bedeutung. Je größer die Tagung ist, um so wichtiger sind Kontaktaktionen. Damit können auch hierarchische Trennungen und Kommunikationsbarrieren überwunden werden.

Die oben dargestellten Spiele sollen Anregungen zur Förderung des Kennenlernens geben. Natürlich ergeben sich solche Kontakte leichter durch eine überschaubare Größe der Stammgruppen oder Gruppen, die sich zu speziellen Interessengebieten zusammenfinden. Solche können z. B. sein:

- Spezialangebote in einem Nebenraum, z. B. Projekte, Produkte, Dienstleistungen
- Einrichtung eines Ruheraumes mit Entspannungsmusik und entsprechender Möblierung
- Spezielle Abendaktionen
- Spezielles Rahmenprogramm (Ausflug, Firmenbesichtigung etc.).

Es kann auch im Startplenum oder beim 1. Stammgruppentreffen eine Bewegungsübung organisiert werden, bei der sich zwei Teilnehmer kennenlernen und natürlich gegenseitig vorstellen. Dieser so gefundene Partner wird zum Special Partner (Tandem) erklärt. Es ist die Aufgabe, ihn immer wieder während der Tagung für einen Erfahrungsbericht zu treffen und ggf. auch nach der Tagung telefonisch mit ihm Kontakt aufzunehmen. Letzteres eignet sich vor allem für Tagungen mit einem beabsichtigten starken persönlichen Lerneffekt. Die Methode ist für LT besonders zu empfehlen, aber auch für PTG und GTG geeignet.

So sinnvoll diese gesteuerte Förderung des Kennenlernens der Teilnehmer auch ist, herrscht bei den Verantwortlichen häufig die Meinung vor, daß dies für erwachsene Menschen nicht nötig sei. Das ist ähnlich wie die Haltung „Der Kunde wird sich schon bei uns melden, wenn er unser Produkt kaufen will".

Gerade bei LT–Formen sind Kontaktaktionen viel wichtiger als bei GTG-Formen.

7.3 Rahmenprogramm

Bei Tagungen wird oft ein zusätzliches Programm außerhalb der fachlichen Arbeit angeboten.

Tages-Rahmenprogramm

Bei klassischen Tagungen wird ein Rahmenprogramm vordergründig für begleitende Ehepartner erstellt, die sich nicht so mit der Tagung selbst befassen wollen. Dadurch werden diese etwas ausgegrenzt. Beim GTG-Prinzip können diese Begleitpersonen in die Stammgruppen integriert werden. Die Veranstaltungen im Rahmenprogramm sind dann wie parallele Workshops eingebaut. Das ist dann auch gleichzeitig ein Ventil für normale Teilnehmer, die mal „flüchten" oder zumindest einmal mit ihrer Begleitperson zusammen sein wollen. Über die Querinformation in der Stammgruppe ist dann die Information über das ganze Geschehen sichergestellt, auch über die verpaßten Workshops.

Vorabendprogramm

Die Existenz dieses Programmpunktes zeigt das Bewußtsein der Notwendigkeit von Sozialkontakten, die während der Tagung zu kurz kommen. Gerade bei Kunden, die in verschiedenen hierarchischen Stufen zur Tagung kommen, ist ein Vorabendprogramm zur Auflockerung von großer Bedeutung. Nötig ist, daß die Top-Hierarchie am Vorabend häufig besonders betreut wird. Hier besteht eine große Herausforderung für den Gastgeber und sein Team. Es bedarf einiger Disziplin, alle Teilnehmer gleichermaßen zu integrieren.

Abendprogramm

Je frontaler und damit linearer die ganze Tagung abläuft, um so größer ist der Wunsch nach informeller Kommunikation, nach eigener Artikulation im Gespräch in der spontanen Kleingruppe am Essenstisch oder an der Bar. Deshalb sollte das Abendprogramm nicht auch noch zu lange frontal als Show auf einer Bühne ablaufen. Eine Erleichterung ist auf jeden Fall eine Sitzanordnung in Gruppen an Tischen (maximal 8 Plätze). An diesen Tischen wird das Abendessen eingenommen und es gibt viel Zeit zur Kommunikation. Der Musikhintergrund darf nicht zu laut sein.

Eine Fortsetzung der Tagung findet statt, wenn die Referenten unter dem Motto „meet the mentor“ an Tische verteilt sind, dies vorher bekannt gemacht wurde und freie Platzwahl möglich ist.

Um auf die Unterschiedlichkeit der Interessen der Teilnehmer Rücksicht zu nehmen, können parallel zu diesem gemütlichen Abend mit Diskussion und ohne Programm folgende Dinge in einem separaten Raum für die Aktivisten angeboten werden:

- Bewegungsübungen, Kreistanz, Spiele
- Erlebnisworkshop z. B. mit einer Fantasiereise
- Auftritt eines Künstlers, einer Kabarettgruppe o.ä.

Morgenprogramm

In vielen Seminaren wird als Auftakt des Arbeitsprogramms ein Morgenprogramm durchgeführt. Für eine Tagung bietet sich das ebenfalls an:

- Bewegung, z. B. mit Aerobic oder Waldlauf
- Spezielle Bewegungsübungen: Yoga, 5 Tibeter, Qi-Gong, Do-In, Tai-Ji. Es gibt ein reichhaltiges Angebot.
- Entspannung mit Stille oder geführter Meditation, ggf. mit etwas Bewegung vorher.

Auf jeden Fall ist die Aufnahmefähigkeit für den ganzen Tag nach einem Morgenprogramm viel besser.

Viele Teilnehmer lassen sich von dieser Aufforderung und Möglichkeit zum Gruppenkontakt mehr inspirieren als allein zu Hause. Deshalb sollte bei der Plenarveranstaltung und auch in den Stammgruppen intensiv dafür geworben werden.

Begleitende Ausstellung

Bei vielen Kongressen und Tagungen wird eine begleitende Ausstellung als besonderer Service für die Teilnehmer durchgeführt. Im Programm muß dann immer ausgewiesen sein: Pause/Ausstellungsbesuch. Von besonderer Bedeutung ist eine begleitende Ausstellung bei Ärztekongressen und Weiterbildungsveranstaltungen.

Gerade für Kongreßformen, die über das klassische LT hinausgehen, ist dies eine individuelle Möglichkeit für die Teilnehmer, sich zu informieren, zu kommunizieren und herumzugehen. Insofern kann man die begleitende Ausstellung auch als gestalterisches Element sehen und muß ihr Zeit einräumen.

7.4 Technik und Mensch

Moderne Tagungsstätten bieten als Tagungstechniken:

○ Mobile Pinwände

○ Overhead-Projektoren und Großleinwände

○ Monitoren für Video

Zunehmend kommen PC-gesteuerte Displays und Spezialprojektoren (Datenbeamer) für Farbgrafiken zum Einsatz.

Auch Abstimmungsgeräte gehören hierzu, wobei die unmittelbare Verbindung zu einem Monitor bzw. zu einer Großleinwand und damit eine Rückkoppelung zu den Teilnehmern wichtig ist.

Ein kurzer technischer Kommentar findet sich im Anhang. Es ist wichtig zu beachten, daß schon das Abdunkeln des Raumes für Projektionen aller Art das Gehirn der Teilnehmer in Passivität und Konsumhaltung verfallen läßt. Als Veranstaltungsleiter kann man immer wieder beobachten, daß die Anzahl der Teilnehmer steigt, die den Saal verlassen und sich im Foyer zu Gesprächen aufhalten, wenn im Plenum abgedunkelt wird.

Auf eine optimale Beleuchtung und Beschallung ist ebenfalls zu achten. Gerade bei der Beschallung steigen die Anforderungen ständig. Kabellose Mikrofone erlauben dem Referenten Bewegungsfreiheit im Sinne einer interaktiven Vortragsart.

Je größer die Anzahl der Teilnehmer ist, um so wichtiger sind solche Medien und Techniken.

Blumen und Poster werden in modernen Seminaren zur Gestaltung der Atmosphäre eingesetzt. Gerade Blumen sollten aber nicht nur am Rednerpodium stehen, sondern auch im Plenum verteilt werden.

Auch das Verteilen von Postern mit Kernaussagen oder stimulierenden Weisheiten an den Wänden entlang der Teilnehmer bewirkt persönliche Ansprache und Nähe. Konsequenterweise sollten schon bei einem langen Gang oder auf einer Treppe zum Plenarraum solche Poster hängen.

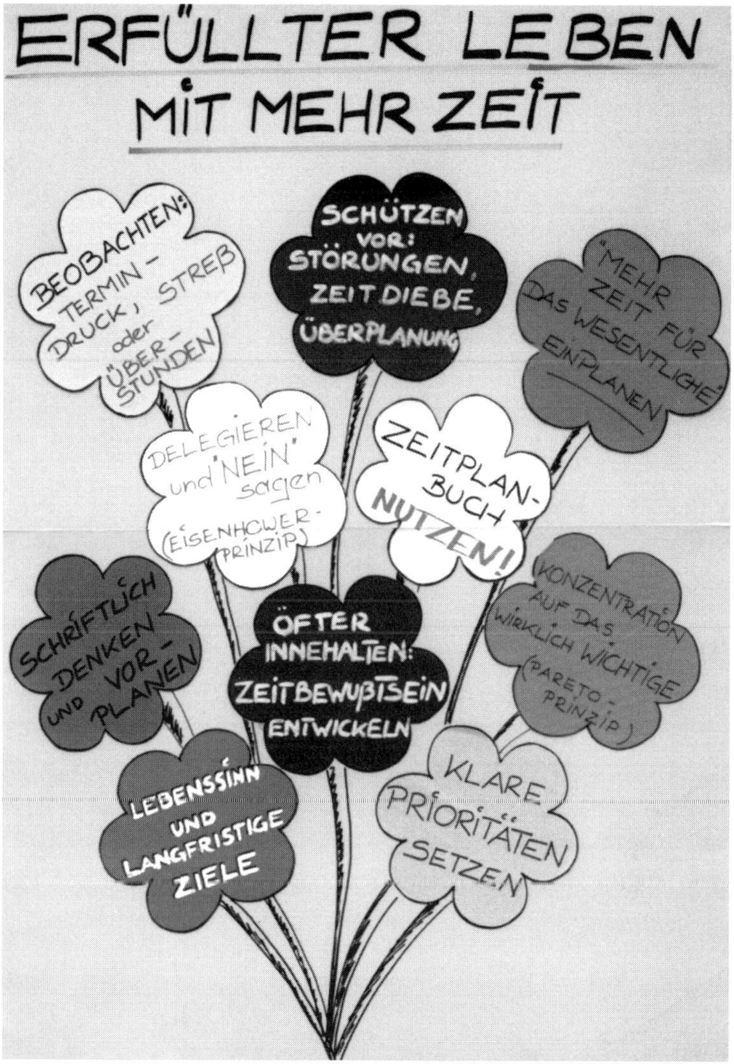

Abb. 7.1:
Posterbeispiel 3

7.5 Prägnantes Tagungsende

Das Tagungsende hängt natürlich von den Tagungszielen ab und soll die Erwartung einer Abrundung erfüllen. Gefühlsmäßig wird von den Teilnehmern noch ein kleiner Höhepunkt erwartet.

- Bei parallelen Workshops das Bedürfnis nach Querinformationen
- Ergebnisbekanntgabe, Kommuniqués (z. B. durch Verdichtungsgruppen beim GTG-Prinzip)

- Schlußrituale, wie sie weiter unten dargestellt werden
- ggf. Abschluß-Kleingruppe

Von einer Feedback-Phase (Aufforderung der Teilnehmer, ihre Meinung über die Tagung zu sagen), mit den ggf. müden Teilnehmern ist abzuraten, wie sie bei kleineren Tagungen (ca. 50 Teilnehmer) noch möglich ist Das bleibt dem Formular vorbehalten. Hier kann nämlich passieren, daß die ganz gute Stimmung zerstört wird.

Erfahrene Redner wissen das auch für ihre Vortragsveranstaltung und verkürzen in Ihrer Rede bzw. Präsentation absichtlich die Möglichkeit der Fragerunde am Schluß. Sie wissen: der Schluß bleibt am meisten im Gedächtnis. Deshalb enden sie lieber selbst mit einem prägnanten Spruch oder Gag - und mit dem Applaus.

Das gilt auch für eine Tagung. Es gibt mehrere Möglichkeiten, einen Abschluß zu gestalten:

Zunächst gibt es die klassische Methode. Ein prägnanter Abschluß, verbal und visuell, der vom Veranstalter kraftvoll vorgetragen wird und stimulierend für die nächste Veranstaltung ist.

Des weiteren gibt es mentale Möglichkeiten als Abschlußphase einer Tagung. Gemeint ist damit die sogenannte Integration. Es gibt sie in den 3 Varianten

1. Geführte Integration mit Wiederholung zentraler Aussagen des Vortrages, des ganzen Tages oder der gesamten Tagung
2. Halb geführte Integration
3. Ganz offene Integration, bei der nur als Impuls eine oder ganz wenige Fragen gestellt werden.

Für die letzten beiden Varianten finden sich Textvorschläge im Anhang.

Sehr schön ist auch die Bildung eines stehenden Kreises im Plenum. Je nach Verlauf und Stimmung nehmen die Teilnehmer ggf. die Hände ihrer Nachbarn. Jeder sagt ein einziges Wort, welches seine Stimmung und sein Denken repräsentiert. Es steckt viel Kraft in diesem Abschluß. Diese Abschlußform funktioniert schlechter, wenn die Teilnehmerzahl zu hoch ist. Zur Not helfen hier 2 oder mehr Unterkreise mit bis zu 100 Personen, die sich dann noch hören können. Dies ist ein würdiger Abschluß für ein Konzept der Nutzung des menschlichen Potentials und dem Ansprechen des Individuums. Aber viel hängt vom Engagement der Teilnehmer ab. Bei einer Open-Space-Tagung mit über 100 Teilnehmern erhält jeder die Möglichkeit zu einem mündlichen Statement. Auch eine kurze Bewegungsübung mit der Ankündigung „gibt Energie für den Heimweg“ ist zu empfehlen. Es wurde bereits die Übung beschrieben, in der die Teilnehmer das letzte Wort mit „Handeln“ haben.

Auch eine Trommelperformance zum Ausklang ist denkbar. Vor allem, wenn sie die Teilnehmer zum Mitklatschen ermuntert und dann furios beschleunigt.

Auch könnte ein Abschied von der Veranstaltungsleitung - am besten aus dem stehenden Kreis - wie folgt angesagt werden:

„Die Tagung ist jetzt zu Ende und Sie gehen alle mit vielen Ideen und Impulsen nach Hause. Wenn Sie jetzt durch diese Tür gehen, so ist in diese eine mentale Dusche eingebaut. Diese Dusche wird alles abwaschen, was unnötig und unbrauchbar ist. Und sie wird alles verstärken, was für Sie von Nutzen ist. Gute Dusche und guten Heimweg!"

All diese Techniken erzeugen Nähe und bleiben so als Tagungsstimmung im Gedächtnis.

Wichtig in der einprägsamen Schlußveranstaltung ist die Reihenfolge der Elemente. Es muß eine emotionale Kurve mit einem Höhepunkt ganz am Schluß gebildet werden. Danach darf dann seitens der Tagungsleitung nichts mehr gesagt werden, nur noch die Standing Ovations sind entgegenzunehmen. Die allerletzte Phase darf also nicht das Ausfüllen des Feedbackbogens sein: entweder die Teilnehmer füllen ihn am Beginn der Schlußphase aus, oder sie werden aufgefordert, dies nach dem offiziellen Ende zu tun. Dann sollten sie beim Verlassen des Plenarraumes an der Tür nochmals daran erinnert werden. Auch eine letzte Kleingruppenarbeit, die Feedback-Karten zum Anpinnen erzeugt und/oder zur Eigenreflexion über das Gelernte auffordert, darf nicht den Schluß bilden.

7.6 Die drei Tagungsformen im Überblick

Im Kapitel 3.1 wurde dargestellt, was Tagungen im Vergleich zu Besprechungen, Klausuren und Vorträgen sind. Dieses Schema wird nun um die 3 Organisationsformen ergänzt. Und so läßt sich für einen größeren Tagungserfolg und für mehr Information eine Hierarchie bilden.

LT läßt sich sicher bei Tagungen kürzerer Dauer und geringer Teilnehmerzahl erfolgreicher anwenden. Je interaktiver die Gestaltung ist, je mehr läßt sich die Kurve nach rechts verschieben.

TPG nimmt mehr Zeit in Anspruch und die Teilnehmeranzahl ist größer. Durch mehr Gruppenaufteilung und zunehmende Interaktivität wird mehr Nähe erzeugt.

GTG erfordert eine Mindestzahl von 40 Teilnehmern und eine Tagungsdauer von mindestens einem Tag, wenn die Stammgruppentreffen wiederholt werden sollen. Insofern ist es sicher sinnvoll, zunächst mit TPG zu beginnen, dann erst GTG einzu-

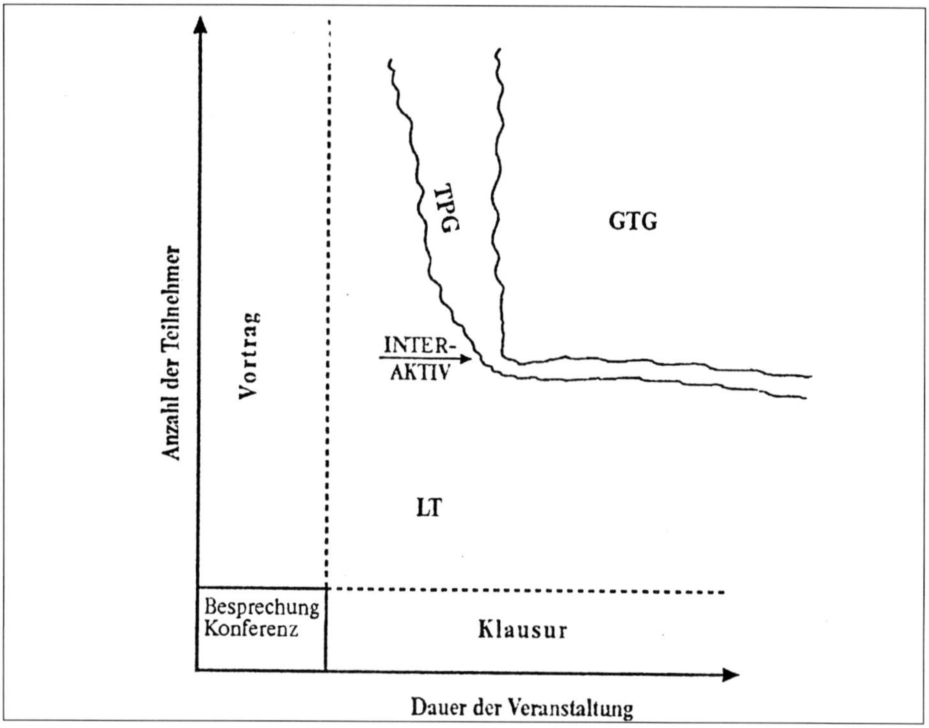

Abb. 7.2: Hierarchie der Tagungsformen

setzen, wenn die Tagungsdauer und die Zahl der Teilnehmer sich noch mehr ausweitet und sich damit auch die Anonymität weiter erhöht.

Die Linien sind gestrichelt eingezeichnet, weil es Übergangs- und Mischformen gibt. Schließlich sind schon bei der linearen Tagung Gruppenarbeiten zum Austausch als Vorstufe zum GTG-System möglich und es steht auch hier ein breiter Katalog an atmosphärischen Aktionen zur Verfügung.

Die als Prozeß vorgestellte VPG stellt eher eine spezielle Entscheidungstechnik dar und kann nicht als gesamte Tagungsform genutzt werden. Sie wird sich erfolgreicher im Rahmen einer Tagung nach GTG einsetzen lassen.

Tagungsformen - Überblick

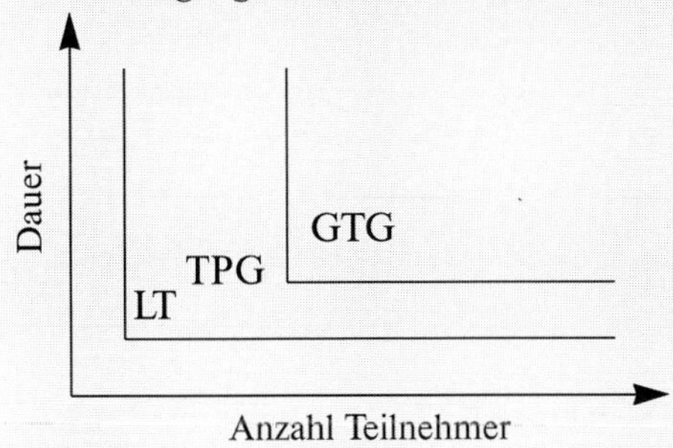

Kapitel 7 Stimulierung Potential

Tagungsende
- Prägnant
  - Schlußpunkt
- Aktion
  - z. B. Kreistanz
- Mental
- Metapher

Bewegung
- Energieaufbau
- Aerobic
  - Sauerstoff
- Kinesiologie
  - Gehirn
  - Stimulation
- Suggestopädie
  - Stimmung
  - Geschichte
- Inhalte
  - Fachlich verankern

Technik
- Akustik
- Projektionen
  - Abdunkeln - Nein!
- Beleuchtung
- Poster

Rahmenprogramm
- Tages-/Parallel-Veranstaltung
- Vorabend
- Abends
- Morgens
- Ausstellung
  - Begleitend

Kennenlernen
- Aktionen
- Gruppenarbeiten
- Start
- Abend

8 Organisatorische Einzelpunkte

Die Teilnehmer auf Tagungen sind Kunden,
externe oder interne Kunden.
Was bedeutet dann Kundenorientierung?

8.1 Teilnehmerempfang

Der Empfang der Teilnehmer einer Tagung ist der erste Kontakt mit den Organisatoren und wird die Atmosphäre der Veranstaltung prägen.

Zu den notwendigen organisatorischen Formalitäten gehört die Registrierung (ggf. Inkasso ausständiger Teilnehmergebühren) und das Austeilen von Tagungsunterlagen (Tagungsmappe). Zwei weitere Punkte sind unter ganzheitlichen Aspekten jedoch von Bedeutung, vor allem je klassisch-linearer die Tagung abläuft.

Diese sind das Namensschild und vorher noch der allgemeine Empfang, mit dem in der Gesamtatmosphäre gegen die Anonymität der großen Zahl gegengesteuert werden kann. Ein guter Kontakt mit dem Neuankömmling wird erreicht durch eine herzliche Begrüßung, Anrede mit Namen, Frage nach der Fahrt, das Angebot eines Drinks, etc. Dies sind im Grunde die Techniken der fortschrittlichen und erfolgreichen Hotels an der Reception. Sehr persönlich wirkt auch die Frage, ob der Ankommende das erste Mal zu dieser Tagung kommt, um ihm dann mehr Erläuterungen zu geben oder ihn mit einem speziellen Betreuer bekanntzumachen.

Des weiteren ist zu empfehlen, wenn Vorstandsmitglieder oder Führungskräfte persönlich vor dem Empfangstresen stehen und den Ankommenden die Hand geben, einen Drink anbieten bzw. diesen mit trinken.

Die Richtung des Tagungsraumes ist mit der Hand (persönliche Geste) anzugeben, auch wenn eine gute Beschilderung vorhanden ist.

Bislang scheint ein persönlicher Empfang der Teilnehmer bei Tagungen nur marginale Bedeutung zu haben. Ich habe jedoch auch schon das Gegenteil erlebt, als ich zu einem Großseminar mit über 100 Teilnehmern ging. Dort war der Empfang folgendermaßen organisiert: Ich erhielt beim Einchecken die Angabe eines Raumes und einer Zeit. Dort traf ich auf 8 weitere Teilnehmer und einen Seminarverantwortlichen (Co-Trainer). In dieser Kleingruppe wurden nun Erwartungen abgefragt und es erfolgte eine Vorstellung. Das Ganze dauerte ca. 20 Minuten. Der offizielle Seminarbeginn im Plenum erfolgte einfach etwas später als in den Unterlagen angekündigt.

Entsprechend dem Start war auch das Ende organisiert: Mit einer Zeit- und Raumliste (die auf Overhead visualisiert wurde) war so ein mündliches Seminarfeedback in der Kleingruppe möglich, welches den Co-Trainern direkt zu Ohren kam. So bekam die Großveranstaltung mehr Nähe für die Teilnehmer.

Ich habe diese Technik in abgeschwächter Form bei einer Tagung von über 200 Teilnehmern mit Erfolg ausprobiert. In der Nähe des Empfangstisches waren eigens Tische zu diesem Zweck aufgebaut und gleich nach dem Eingang in das Plenum einige Stuhlkreise. Für diese Kurzrunden waren aufgrund eines knappen Zeitplanes nur je 5 Minuten vorgesehen.

Eine Variante dieser Form wäre, ähnlich wie beim Abschnitt über die „lockeren" GTG-Formen dargestellt, die so spontan entstandene Kleingruppe als „Familiengruppe" zu betrachten. Vor Pausen wird jeweils zu einem Austausch in dieser Kleingruppe aufgefordert. In meiner Tagungssystematik ist dies dann eine interaktive LT-Form.

Der Teilnehmer wird beim Einchecken gefragt, ob er neu ist oder schon Leute kennt. Im letzteren Fall wird eine Vorstellungsrunde organisiert. Wenn es sich um eine Minderheit handelt, müssen einfach genug Vorstandsmitglieder oder sonstige Helfer bereit stehen, die eine Einführung machen und das Neumitglied anderen vorstellen. Das ganze Empfangs- und Helferteam hat dabei eine ausgesprochen kundenorientierte Servicefunktion. Je mehr sich der Veranstalter und die Gastgeber des Tagungszieles bewußt sind, umso mehr wird das Personal darauf eingeschworen. Hierzu gehört auch die persönliche Betreuung bzw. Annahme von Reklamationen über das Hotel, obwohl das Empfangsteam doch eigentlich dafür gar nicht verantwortlich ist. Aber das Bewußtsein, dem Kunden eine gutes Tagungserlebnis verschaffen zu wollen, ist hier der Antrieb.

Das Tagungsbüro hat natürlich seine Funktion nicht nur für die Teilnehmer, sondern auch für ankommende Referenten. Diese benötigen zusätzliche Betreuung. Schließlich sind sie ein Eckstein der Tagung. Noch mehr als jeder Teilnehmer sollen sie sich gleich wie zu Hause fühlen. Wenn der Empfang von mehreren Personen gebildet wird, könnte eine Stelle mit einem Schild „Referenten" gekennzeichnet sein.

Im Zusammenhang mit dem Tagungsbüro darf auch das Thema „Presse/Medien" nicht vergessen werden. Hier ist eine genaue Regelung nötig, welche Personen zuständig sind und welche weitere Unterlagen dafür ggf. bereitliegen.

In Erweiterung der Grundidee des persönlichen Empfangs ist es bei Großveranstaltungen in Hotels mit Übernachtung auch sinnvoll, gleich an der Hotelreception ein eigenes markiertes „Check-In" für die Tagung einzurichten und dem Hotelpersonal einige Zusatzinformationen zu geben. Das verbessert den Service und das Wohlfühlen der Teilnehmer.

Diese scheinbar trivialen Dinge erzeugen Nähe und Wärme und damit ein besseres Gelingen der Tagung, auch wenn später ein Vortrag ganz trocken ausfällt.

8.2 Namensschild

Eine weitere Hauptfunktion des Tagungsbüros ist die Verteilung von Namensschildern.

Natürlich ist es schön, ein Namensschild zu bekommen. So weiß man, daß die Anmeldung geklappt hat. Und wenn dies nicht nur ein schwarz-/weißes Computerschild ist, ist es umso besser. Beim GTG-Ablauf muß dieses Namensschild noch Platz lassen für das Symbol bzw. den Sticker.

Eine noch bessere Idee aus ganzheitlicher Sicht ist, Namensschilder mit Tagungsemblem bereitzuhalten, aber ohne Namen. Ein großer leerer Tisch steht bereit mit einem Haufen bunter Filzschreiber. Hier malen die Teilnehmer dann selbst ihr Namensschild. Das hat einen doppelten Effekt. Zunächst der kreative Akt des Malens und Schreibens des eigenen Namens. Dann bei allen Gelegenheiten das Äugen auf die Schilder anderer, das Loben der bunten Gestaltung. Somit ergibt sich wieder eine Förderung der Kontaktaufnahme.

In diesem Fall muß jedoch ein Helfer den Tisch im Auge behalten und ihn ständig aufräumen, damit alle nötigen Utensilien sichtbar bleiben. Für Referenten und Prominente müssen natürlich fertige Namensschilder bereitliegen, sonst geht deren Schild ggf. unter.

Bewährt haben sich Namensschilder in einer Plastikhülle zum Anclipsen.

Durch ein Emblem identifiziert sich jeder Teilnehmer mit der Tagung. Bei größeren Veranstaltungen kann dies auch wichtig für die Kontaktaufnahme untereinander beim Herumlaufen im Hotel oder im Aufzug sein. Zugehörigkeitssymbole sind immer von Bedeutung.

Die Funktion des Namensschildes für die Kontaktaufnahme der Teilnehmer kann noch weiter ausgebaut werden. Farbige Klebepunkte, die gemäß einer aushängenden Karte die Region der Herkunft markieren, sind hilfreich. Oft werden diese schon eingesetzt, um den Status zu dokumentieren: Orgateam, Referent oder Teilnehmer.

Auch ein kleiner Spruch, der evtl. zur Tagung paßt, kann sich auf dem Namensschild befinden. Die Teilnehmer können sich diesen aus einer Serie aussuchen. Solche Sprüche werden von der Tagungsorganisation vorher ausgesucht, dann per Computer auf kleine Klebeetiketten ausgedruckt. Von diesen kann der Teilnehmer sich dann selbst bedienen. Der Spruch auf dem Namensschild wirkt dann wie eine kleine Präsentation und fordert zu Kontaktaufnahmen untereinander, zu neuem Kennenlernen auf.

Auch größere Namensschilder (A6-Format) sind denkbar, die auf der Rückseite das ganze Tagungsprogramm mit ggf. Raumzuordnungen aufgedruckt enthalten und mit Clip an die Kleidung angebracht werden.

Es gibt noch eine weitere kreative Steigerung des Themas Namensschild: In der Anmeldebestätigung kann auf das Mitbringen eines phantasievollen eigenen Namensschildes hingewiesen werden. In dieser Information muß der Platz für weitere Symbole zum Aufkleben vorgegeben werden.

Es kann auch gleich eine Arbeitsaufforderung mit dem Namensschild verbunden werden wie z. B.:

Abb. 8.1: Beispiel für ein kreatives Namensschild

In einer Plenarveranstaltung wird z. B. ins Plenum gefragt, wer mehr als 5 Klebepunkte auf seinem kreativen Namensschild hat, der soll bitte aufstehen.

Dann wird sukzessive erhöht, bis nur noch eine Person steht. Diese muß nach vorne kommen, ihr Schild mit den Beweispunkten zeigen. Es wird kurz beschrieben und der Preis überreicht. Ideal wäre nun, wenn auf dem Podium ein schneller Farbkopierer stehen würde, der in einer Minute des schönste Namensschild auf eine Folie druckt, um es auf den Overhead-Projektor zu legen. Das ist dann optimale Organisation bis ins Kleinste hinein.

8.3 Tagungsmappe

Über Inhalt und Gestaltung einer Tagungsmappe ist aus ganzheitlicher Sicht zunächst zu sagen, daß eine sterile Sammlung von Prospekten kaum eine positive Ausstrahlung haben wird.

Persönliche Ansprache

Ideal ist die Markierung der Tagungsmappe mit dem Namen des Teilnehmers. Hierzu gehört auf jeden Fall ein Begrüßungsblatt (welches dank Computer auch eine persönliche Namensanrede haben sollte, um Vertrauen zu schaffen). Ein Muster befindet sich im Anhang.

Von Bedeutung ist bei GTG die Erläuterung des besonderen organisatorischen Ablaufs. Des weiteren gehört hierzu die Klarstellung, welche Kosten der Teilnehmer zu tragen hat, insbesondere wie es mit dem Bezahlen von Getränken bei den Essen oder des Hotels ist. Auch die Aufzählung der Möglichkeiten, wo außerhalb des Veranstaltungsortes noch Imbißmöglichkeiten bestehen, zählt zum guten Service.

Interessanter Inhalt

Neben der Erläuterung des Ablaufs sollte sich in einer Tagungsmappe auch ein Plan für das Auffinden der Räume bei den Workshops und den Stammgruppen befinden.

Des weiteren enthält die Arbeitsmappe die wichtigen Kernpunkte der Arbeitsmaterialien. Hier ist mit den Referenten abzusprechen, was in die Mappe kommt und was in den Workshops selbst ausgeteilt wird. Dazu dienen auch die Unterlagen im Anhang über die Referentenbetreuung.

Ferner sind farbige Blanko-Notizblätter mit folgender Beschriftung zu empfehlen:

Meine Kernpunkte aus dem

Vortrag ____________________

Meine wichtigsten Erkenntnisse aus der Tagung

Und das werde ich davon in allernächster Zeit umsetzen:

1)

2)

3)

Auch eine Teilnehmerliste darf nicht fehlen. Bei überregionalen Tagungen sollte sie zusätzlich nach PLZ-Bereich geordnet sein, damit die Teilnehmer die Nahewohnenden erkennen und ggf. nach ihnen Ausschau halten können.

Während bei Seminaren das Feedback-Blatt am besten erst am Schluß ausgegeben wird, muß es bei Tagungen Teil der Mappe sein. Die Adresse der Veranstalter für postalischen Versand sollte dabei nicht fehlen (Muster im Anhang). In der Abschlußplenarveranstaltung muß dann auf jeden Fall nochmals darauf verwiesen werden. Alternativ kann es kurz vor Ende der Veranstaltung auf die Plätze gelegt werden.

Ein besonderer Service könnte auch das Einfügen des Blattes „Tips für Bewegungsübungen“ aus dem Anhang sein. Sie können es direkt mit Quellenangabe kopieren und dabei in das freie Feld Ihre Tagung mit Namen und Datum einsetzen.

In der Tagungsmappe werden von den Teilnehmern auch kulturelle Informationen über den Ort, wo die Tagung stattfindet, erwartet. Und natürlich ein Stadtplan. Einen sehr persönlichen Eindruck wird eine bereits frankierte Postkarte machen.

Die Tagungsmappe kann einfach als Leitzordner übergeben werden. Zu geringen Mehrkosten kann jedoch heute ein Ordner mit dem Tagungsemblem beschafft werden, was natürlich eleganter ist. Wenn es das Budget der Tagung hergibt, kann eine spezielle, wiederverwendbare Plastikmappe oder gar eine Umhängetasche aus Kunstleder beschafft werden. Es ist dabei sicherzustellen, daß die Teilnehmer auch die Unterlagen der Workhops erhalten, an denen sie selbst nicht teilnehmen konnten.

Der Kreativität sind hier natürlich keine Grenzen gesetzt. Es geht darum, Nähe, Vertrautheit und Sicherheit zu erzeugen sowie Spontaneität und Kontaktaufnahme zu fördern.

8.4 Zeitplanung

Je nach Organisationsform einer Tagung treten Probleme bei der Einhaltung des Zeitplans auf. Tagungen weisen meist einen sehr engen Zeitplan auf.

Beim linearen Ablauf erleben alle Teilnehmer direkt den Zeitablauf, wissen dann auch, wenn sich durch längere Referate ausgewiesene Pausen und Essenszeiten verschieben. Ggf. erfolgt eine Ansage, die wiederum alle erreicht. Diese sollte natürlich auch noch zusätzlich auf Overhead visualisiert werden.

Schon bei parallelen Workshops ist das nicht mehr möglich. Dann muß die Bekanntmachung in den Workshop-Räumen dezentral erfolgen. Wenn in den getrennten Räumen mehrere Workshops hintereinander zu bekanntgegebenen Zeiten erfolgen, dann kann es etwas kompliziert werden. Workshop 1 ist fertig, nun trudeln schon die

Teilnehmer des zeitlich folgenden Workshops ein. Die Teilnehmer von Workshop 1 wollen in andere Räume, sind aber noch nicht fertig. Deshalb sind Pausen als Pufferzeiten hier besonders wichtig.

Noch wichtiger ist beim GTG-Konzept die Einhaltung des Zeitplanes. Hier dient i. d. R. ein Raum gleichzeitig einer Stammgruppe als Heimat. Auch hier hilft nur, daß Pausenzeiten und Übergangszeiten zwischengeschaltet sind, die als Pufferzeit dienen. **Als absolutes Minimum hierfür müssen 20 Minuten eingeplant werden, sogar wenn die Räume direkt nebeneinander liegen.** Wenn das vergessen wird, dann nehmen sich die Teilnehmer selbst die Zeit dafür und der ganze Zeitplan kommt ins Rutschen.

Notfalls muß die Tagungsleitung, die laufend Monitoring macht, selbst und mit Hilfskräften in allen Räumen gleichzeitig Verschiebungen bekanntgeben. Hierfür muß eine Organisation aufgebaut werden. Auch das Zusammentreffen der Moderatoren am Abend, ggf. auch bei den Essenszeiten, die Änderungen im Ablauf beschließen können, dient diesem Zweck.

So ist es besonders beim GTG-Konzept wichtig, daß die Stammgruppen in den ersten beiden Runden ausreichend Zeit haben. Wenn es aufgrund von Fehlplanungen zu lange dauert, bis sie komplett sind und anfangen, entsteht Frust. Es besteht dann die Gefahr, daß sich eine Stammgruppe auflöst und heimatlose Teilnehmer herumirren.

Es ist also wichtig,

- die Referenten inkl. ihrer Betreuungsmoderatoren auf die Einhaltung der Zeit zu verpflichten

- die Tagung vom Start weg pünktlich beginnen zu lassen. Hierfür ist es geschickt, eine Verzögerung im Eintreffen der Teilnehmer in der Begrüßungsrede einzukalkulieren. Das bedeutet, pünktlich zu beginnen, aber wesentliche Dinge erst zum Schluß zu bringen

- mit Zeitsignalen die jeweils nächste Etappe der Veranstaltung mitzuteilen.

Die Teilnehmer gewöhnen sich so gleich an die Disziplin. Dies ist ein teilweise unbewußter Vorgang. Insofern ist ein echter Pausengong von Vorteil für viele Tagungen, der auch zur Begrenzung von Rednervorstellungen verwendet werden kann. Eine weitere elegante Form stellt die Abspielung eines 1-Minuten-Musikstückes dar, welches sich in der Lautstärke immer mehr steigert. Auch ein herumlaufender „Zeitbote" mit Glocke hat eine wichtige Funktion, trägt sogar zur Stimmung bei, wenn er nette Worte sagt oder besser noch singt, z. B. in Versform:

„Hört ihr Leute, laßt euch sagen,
die Workshop-Stunde hat geschlagen."

8.5 Stuhlanordnung

Auch bei einer großen Tagung ist es wünschenswert, wenn die Stuhlreihen im leichten Bogen stehen, wie im Parlament bzw. Seminar-Stuhlkreis, damit Blickkontakt mit einigen anderen Teilnehmern entstehen kann. Die frontale Atmosphäre lockert sich so auf.

Für kleinere Tagungen können auch Längstische mit einer Schmalseite zur Vortragsposition gewählt werden. Dann ist auch die Plazierung der Stammgruppe im Plenum zusammen möglich, was oft sinnvoll sein kann. Die Tische können dann noch dekoriert werden.

Wenn in Workshops oder gar im Plenum spontane Kleingruppenarbeit stattfinden soll, ist es ungünstig, wenn die Stühle fest miteinander verbunden sind. In den Workshop-Räumen sollten die Tische von vornherein entfernt werden, damit sie der Referent nicht aus Bequemlichkeit beläßt. Dies beeinflußt gleich die Atmosphäre.

8.6 Kombination Tagung/Vor- und Nachseminare

In Amerika ist das Konzept von Vor- und Nachseminaren zu Tagungen (Pre-Conference, Post-Conference) verbreitet. Die Idee ist, daß ein gewisser Prozentsatz der Teilnehmer, wenn er schon die weite Anreise auf sich nimmt, evtl. bereit und interessiert ist, einen Tag früher zu kommen oder später abzureisen und in diesem Seminar dann ggf. ein interessantes Thema aus der Tagung vertieft wird.

Dies ist ein interessantes Angebot für die Teilnehmer, weil alle einen Nutzen davon haben: die Teilnehmer durch ein intensiveres Programm, der Veranstalter durch günstigere Werbekosten und eine höhere Attraktivität seines Angebots. Dadurch ist es auch möglich, die Kosten weitreisender Referenten, möglicherweise aus dem Ausland, besser zu nutzen.

Für Nach-Tagungs-Seminare sollte es möglich sein, diese während der Tagung noch zu buchen. Thematisch sind Themen vorzuziehen, die eine Vertiefung von Vorträgen oder Workshops auf der Tagung selbst darstellen. Bei Vorseminaren muß dies nicht unbedingt sein.

Bei LT und TPG sind diese Seminare grundsätzlich völlig von der Tagung unabhängig. Beim GTG-Konzept kann und sollte versucht werden, die Teilnehmer von Vorseminaren auf die Stammgruppen zwecks Berichterstattung aufzuteilen, also diese gerade nicht als festgelegte Stammgruppe weiterlaufen zu lassen.

Für ein Tagesseminar, welches während der Tagung als parallele Veranstaltung stattfindet, kann versucht werden, die Zeiten für den Besuch der Stammgruppen auszusparen, damit auch darüber ein Bericht in den Stammgruppen für alle möglich ist.

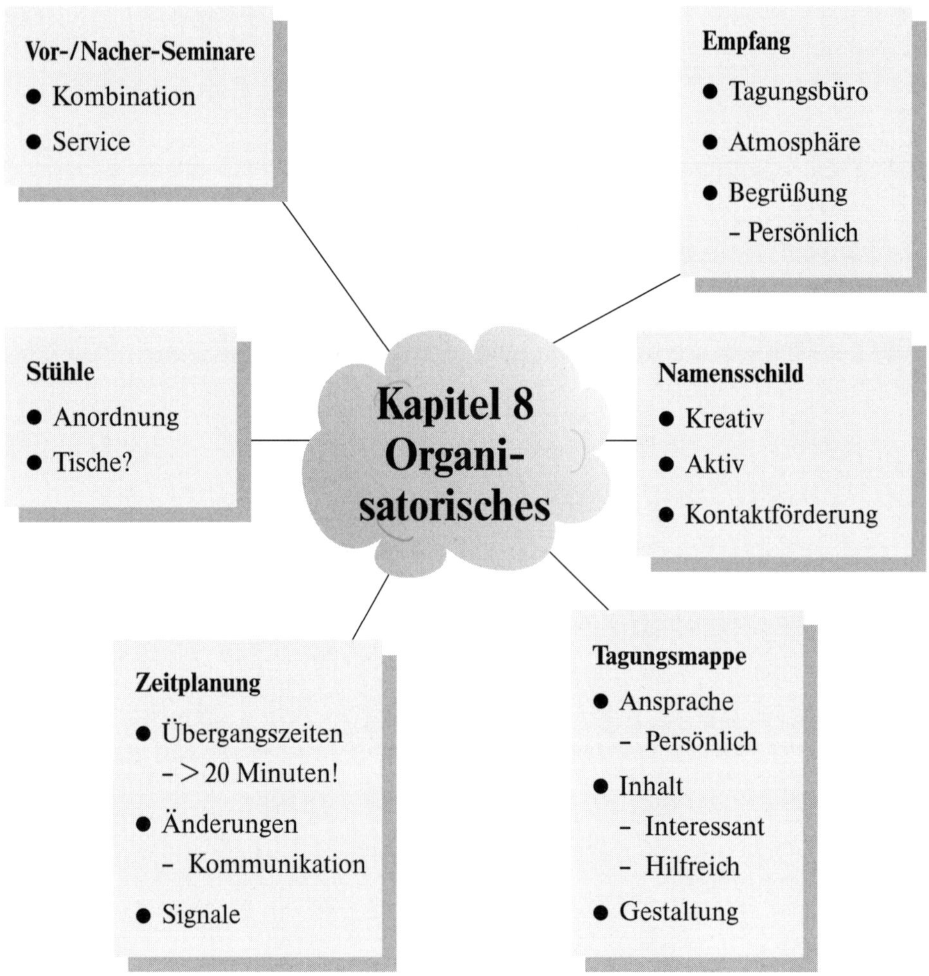
Vor-/Nacher-Seminare
● Kombination
● Service
Empfang
● Tagungsbüro
● Atmosphäre
● Begrüßung
- Persönlich
Stühle
● Anordnung
● Tische?
Kapitel 8
Organi-
satorisches
Namensschild
● Kreativ
● Aktiv
● Kontaktförderung
Zeitplanung
● Übergangszeiten
- > 20 Minuten!
● Änderungen
- Kommunikation
● Signale
Tagungsmappe
● Ansprache
- Persönlich
● Inhalt
- Interessant
- Hilfreich
● Gestaltung

9 Planung

Planung ersetzt den Zufall durch den Irrtum,
verhindert aber auch Nachlässigkeit und Bequemlichkeit.

9.1 Tagungsplanung

Für größere Veranstaltungen werden meist Projektteams eingesetzt. Diese müssen die einzelnen Aufgaben kreativ planen und Verantwortliche dafür festlegen. Die folgende Checkliste zur Planung und Vorgehensweise für eine Tagung beinhaltet alle bislang aufgeführten Elemente ganzheitlicher Tagungen. Je größer die Veranstaltung werden soll, um so länger ist der notwendige Vorlauf.

Startphase

- o Zielsetzung und Tagungskonzept festlegen. Verantwortliche und Mitwirkende klären. Veranstaltungsform überlegen
- o Davon abgeleitet ggf. Kostenbudget festlegen
- o Zielgruppe, Teilnehmerkreis festlegen
- o Erste Vorkalkulation durchführen
- o Vorläufige Terminfestlegung (bestimmte Tage sind nicht ideal), Veranstaltungsorte überlegen
- o Mit Referenten Kontakt aufnehmen
- o Endgültige Terminfestlegung, Festlegung von Ort, Gesamtablauf, Motto, Thema, etc.; spätestens an dieser Stelle einen internen Verantwortlichen festlegen, wenn noch nicht geschehen, meistens auch zugehöriges Projektteam klären
- o Ort buchen (i. d. R. hier spätestens besichtigen und auf Licht, Akustik sowie Bestuhlung prüfen); Räume und ggf. Übernachtungskontingent buchen; Stornobedingungen klären und in Terminkalender eintragen
- o Komplettes Programm festlegen; Prospekt/Einladung entwerfen, ggf. nochmals mit Referenten abstimmen; dabei ein aufmerksamkeitsförderndes Motto festlegen (Namensfindung)
- o Drucken und Versenden des Programms mit Anmeldecoupon

- Organisation Anmeldeüberwachung festlegen
- PR-Aktivitäten planen (Programm an Zeitungen, Zeitschriften sowie andere Medien geben, auch On-Line); zeitlichen Vorlauf der Redaktionen beachten
- Rückläufe überwachen, nachhaken (ggf. Telefonmarketing)
- Ggf. Termine für Stornierung der Tagung bei zu geringem Anmeldestand beachten
- Ggf. Anmeldebestätigung verschicken
- Tagungsmappe für Teilnehmer klären; entsprechende Kontakte mit den Referenten knüpfen

Vorbereitungen mit Referenten und Örtlichkeiten

- Ablaufinfo Referenten (ggf. telefonisch, ggf. mehrfach)
- Rückmeldecoupons Referenten zu Technik und Übernachtung auswerten, organisieren, weitergeben; Betreuer (Moderatoren) festlegen
- Hotel ggf. nochmals besichtigen; Räumlichkeiten, Gastronomie (Getränke, Bezahlung, Pausen) und Technik genau klären; mit Verantwortlichem im Hotel Ablauf durchsprechen; schriftlich Anforderungen und Zeitplan übergeben
- Ausschilderung klären; eigene Helfer, Tagungsbüropersonal festlegen
- Rücklauf Referentenmanuskripte überwachen, kopieren veranlassen
- Tagungsmappe vorbereiten; Namensschilder bestellen, ggf. zusätzliche Aufkleber, Stifte etc.
- VIP-Teilnehmer ansprechen, einplanen; Ehrengäste
- Aufzeichnung Audio/Video klären

Tagung selbst

Vortag

- Vortag einchecken, letzte Kontrollen
- Räume kontrollieren, Beschilderung, Dekoration
- Tagungsbüro, -tisch einrichten; Personal genau einweisen; Verantwortlichkeiten klären; Räumungsplan besprechen; Besprechung mit allen Helfern (je größer die Tagung ist, um so wichtiger); über Zielsetzung informieren

- Teilnehmerlisten, Zahlungsvermerke intern bereitlegen
- Kasse, Quittungsblock bereitstellen
- Tagungsmappe endgültig fertigstellen (letzte Blätter ergänzen)
- Namensschilder bereitstellen, ggf. Utensilien zum selber kreativ beschriften bereitlegen
- Zeitsignale und Organisation dafür klären

Tag der Veranstaltung

- Teilnehmer-Einchecken, Fragen klären
- Zeitplan überwachen
- Pausenbewirtung überwachen
- Ggf. Veränderungen im Ablauf als notwendig erkennen; Änderungen beschließen, Änderungen kommunizieren
- Referenten im Plenum danken
- Feedbackblätter sammeln
- Aufräumen

Nach der Tagung

- Manöverkritik-Besprechung der Helfer (ggf. gleich nach der Tagung, noch vor Ort)
- Feedbackbögen auswerten; Ergebnisanalyse
- Nachkalkulation der Veranstaltung
- Ergebnis klären, mit Zielen vergleichen (Lernen); Merkpunkte (internes Resümee) für nächste Tagung festhalten
- Kommunikation an Teilnehmer selbst für das Feedback (z. B. in Verbandsinfo); Versand von Tagungsunterlagen an Interessierte
- PR-Aktivitäten (Info über abgelaufene Tagung) verschicken
- Presseveröffentlichungen sammeln und dokumentieren, ggf. an Verbandsmitglieder/Teilnehmer versenden
- Dankesbrief an die Referenten; Kopie der Feedback-Auswertung beifügen
- Dank an die Tagungshelfer, -moderatoren etc.

9.2 Marketing für Tagungen

Außer bei innerbetrieblichen Veranstaltungen müssen die Teilnehmer öffentlicher Tagungen, auch von Vereinstagungen, erst gewonnen werden. Denn i. d. R. müssen diese eine Teilnahmegebühr und ihre Übernachtungskosten selbst zahlen.

Hier stellt sich also eine Marketingaufgabe. Das sind dabei die tagungstypischen Kernpunkte:

- Tagungsziel seitens Veranstalter festlegen (Teilnehmerzahlen, Deckungsbeiträge, etc.) sowie inhaltlich festlegen: Welcher Nutzen soll welchen Teilnehmern geboten werden?
- Planung (die Checkliste „Vorbereitung“ durchgehen, was den Kontakt und die Kommunikation mit Teilnehmern betrifft: Wer soll was mit wem bis wann erledigen?)
- Controlling (Checkliste im Zeitablauf immer wieder prüfen und durchgehen, ggf. ergänzen und bei Bedarf gegensteuern mit Aktivitäten oder Querinformationen, z. B. Teilnehmer- und Übernachtungszahlen im Hotel ändern, Rückkoppelung mit Referenten)

Grundlage dabei ist:

- Das aktive Marketing-Informationsverhalten (Welche Daten liegen vor? Wo liegen diese vor? Wie können diese noch ergänzt werden? Wie ist der Informationskreislauf über diese Daten organisiert?)
- Die Marketing-Organisation allgemein (Wer ist für was verantwortlich? Sind wichtige Entscheidungsträger voll auf eine Zielgruppe konzentriert? Kennt jeder Beteiligte seine Aufgaben/Verantwortung?)
- Das nach außen zur Teilnehmergewinnung eingesetzte Instrumentarium
  - Preispolitik (Normalpreise, Sonderpreise für bestimmte Zielgruppen, Zahlungsbedingungen)
  - Produktpolitik (Welches Programm – Themen und Referenten –, welche Tagungsform wird angeboten? Welche Leistungen z. B. Getränke, Mittagessen sind inbegriffen?)
  - Werbung und Kommunikationspolitik (Wie, über welche Medien erreicht welche inhaltliche Botschaft über die Tagung die potentiellen Teilnehmer, die Zielgruppe?; i. d. R. ein Tagungsflyer, also das gedruckte Programm; Werbeposter, z. B. in Einzelhandelsgeschäften; Anzeigen in Zeitungen, Zeitschriften, Internet oder auch Spots im regionalen Funk und TV. Dabei ist die Hervorhebung des Nutzens der Teilnahme von großer Bedeutung. Darstellung der für die Teilneh-

mer nötigen Informationen (Themen, Referenten, Ort, Zeit, Kosten, Anfahr- und Parkmöglichkeiten etc.)

- Absatzmethode (Wird nur direkt gebucht? Gibt es Empfehlungen, Provisionen, ggf. auch Zusammenarbeit mit anderen Organisationen für Teilnehmerwerbung?); evtl. auch Direktmarketingaktionen (dann verbunden mit der Kommunikationspolitik), also z. B. persönliche Einladungsbriefe an Vereinsmitglieder.

Bei innerbetrieblichen Veranstaltungen muß ähnlich vorgegangen werden, denn ohne Zielsetzung, Planung und Organisation geht es auch hier nicht. Dabei ist von besonderer Bedeutung, daß nicht Außenstehende geworben werden sollen, die Geld für die Teilnahme bezahlen, sondern in der Form der Einladung Motivation und Bereitschaft zum Mitmachen aufgebaut wird. Dies wird eng verwoben sein mit dem Tagungsziel und dem Reifegrad des Unternehmens im Sinne der Lernenden Organisation.

9.3 Finanzielle Aspekte

9.3.1 Kalkulation

In der Regel wird bei der Kalkulation der rein interne Zeit- und Kostenaufwand, der aus den allgemeinen Verwaltungskosten gespeist wird, separat erwähnt, ggf. jedoch einer Vergabe des ganzen Projektes an z. B. eine Agentur gegenübergestellt.

Bei der Kalkulation ist zu bedenken:

1. Einnahmen nach Gruppen der Teilnehmer (verschiedene Preise für verschiedene Zielgruppen), dabei nur die zahlenden berücksichtigen, also nicht Helfer und Referenten mitzählen
2. Sonstige Einnahmen (siehe auch Kapitel 9.3.2)
3. Prospektdruck für Tagung, Plakate (Einladung)
4. Portokosten für Tagungsprospekte, ggf. weitere Lettershop-Kosten, Umschläge
5. Anzeigenkosten
6. Tagungsmappen, Teilnehmerlisten
7. Namensschilder
8. Referentenhonorare
9. Referentenspesen mit Fahrtkosten, Übernachtung
10. Rahmenprogramm (z. B. Künstler, Orchester etc.), Honorare und Nebenkosten

11. Honorare für Helfer, Hostessen, Technik etc.
12. Spesen und Übernachtungskosten für die Helfergruppe, inkl. Parken
13. Dekoration und Blumen
14. Raummieten, Nebenkosten (Heizung, Strom, ggf. Bewachungskosten)
15. Miete für technische Hilfsmittel, z. B. Videoanlage, Mikro/Lautsprecheranlage, Pinwände, Beleuchtungstechnik
16. Transport- und Frachtkosten
17. Tagungsgetränke und Kosten Kaffeepausen für Teilnehmer (Nichtzahler mit einrechnen)
18. Fotokopien vor Ort, Fotografien
19. sonstiges Büromaterial vor Ort
20. Telefonkosten während der Tagung, ggf. auch vorher
21. Kosten für Preise/Geschenke, die auf der Tagung benötigt werden, ggf. auch für die Referenten
22. Kopien, Portokosten etc. nach der Tagung
23. Ggf. Personalkosten für Vorbereitungsarbeiten, wenn zusätzlich engagiert
24. Ggf. Kosten für externe Planung und Durchführung (Agentur), auch für Buchhaltung, Registrierung, Presse, Übersetzungen etc.

Die letzten Punkte zeigen Kosten für Arbeiten auf, die extern vergeben werden. Zur Kalkulation gehört auf jeden Fall eine überschlägige Berechnung des internen Aufwandes in Zeit und Geld. Eine noch detailliertere Aufstellung findet sich im Internet vom GCB. Ein Beispiel für eine verkürzte Kalkulation befindet sich im Anhang.

9.3.2 Weitere mögliche Einnahmen und Kostenersparnisse

Da das Budget einer Tagung häufig knapp ist, sollte überlegt werden, welche Möglichkeiten es gibt, die Einnahmen zu erhöhen und die Kosten zu senken. Weitere Einnahmen können sein:

- Vermietung von Flächen für Werbung und Bücher-Verkaufstischen im Foyer der Veranstaltung (begleitende Ausstellung)
- Eigene Verkäufe von Artikeln, Materialien am Tagungstisch
- Sponsoring-Einnahmen, z. B. auch für das Beifügen von Prospekten in der Tagungsmappe, oder das Auslegen auf die Tische/Stühle im Plenum; Anzeigen in Programmheften

- Der Überschuß aus Vor- und Nachseminaren
- Zuschüsse aus Fördermitteln (Europa, Bund, Land, Gemeinde)

Meist werden die Referentenhonorare den größten Kostenblock ausmachen und stellen damit einen Ansatzpunkt für Sparmöglichkeiten dar: Oft, aber nicht immer kosten Referenten mit Namen mehr Geld, obwohl sie in der Präsentation nicht besser sind. Das höhere Honorar ist also nur sinnvoll, wenn diese Referenten dafür auch mehr Teilnehmer anziehen. Ansonsten, also bei gesicherter Teilnehmerzahl, sollte lieber der preiswertere und möglichst der didaktisch bessere Referent genommen werden.

Bestimmte Bewirtungsvorgänge werden nur gegen Bezahlung abgegeben, z.B. Getränke in den Pausen.

Mit dem Hotel kann verhandelt werden, daß ein Teil der Dekoration gestellt wird. Ohnehin ist es üblich, daß Raumkosten nicht anfallen, wenn der Verzehr eine bestimmte Größe überschreitet. Dies ist vorher genau mit dem Hotel zu klären, damit es bei der Rechnungsstellung keine Überraschungen gibt.

Give-Aways können gesponsort werden.

9.4 Anforderungen an die Referenten

Zunächst einmal ist zu vermuten, daß bei jeder Tagung versucht wird, gute Referenten zu bekommen. Oft ist das thematisch einfacher als bei der Didaktik bzw. Rhetorik.

Alles, was in Büchern über Rhetorik und die Gestaltung von Präsentationen und Vorträgen steht, ist bei einer Tagung wichtiger als bei einem einzelnen Vortragsabend, weil durch eine Abfolge von Referaten die Teilnehmer müde werden. Die Auswahl qualifizierter Referenten ist aus dieser Sicht also besonders wichtig.

Eine intensive Betreuung der Referenten ist erforderlich. So können sie ggf. stimuliert werden, etwas interaktiver zu sein. Dies ist auch in den Informationsunterlagen für Referenten (im Anhang) berücksichtigt.

Für die angestrebten Workshops beim TPG und GTG-System muß mit den Referenten abgesprochen sein, was der Unterschied zwischen Vortrag und Workshop ist. Auch für die Teilnehmer ist es besser, dies vorher zu wissen. Einen reinen Vortrag als Workshop anzukündigen kann zumindest Nörgeleien im Hintergrund bewirken. Im Programm sollte durchgängig spezifiziert sein, ob es sich um ein Referat, einen Workshop oder einen interaktiven Vortrag handelt.

9.5 Aufwand für eine ganzheitliche Tagung

Es mag nach den bisherigen Ausführungen der Eindruck vorherrschen, daß die Durchführung einer ganzheitlichen Tagung mit sehr viel Aufwand verbunden ist.

Das trifft jedoch nur zu, wenn die Tagungsleitung absolute Perfektion sucht.

Ein Vereinskollege hat zweimal mit minimalem Aufwand ein Symposium organisiert, welches nach GTG ablaufen sollte. Seine gesamte Organisation bestand daraus, daß er das Hotel buchte und Referenten mit einem Telefonat beschaffte. Darüber hinaus verfaßte er einen kurzen Text in den Vereins-Mitgliederinformationen. Mehr war am Vorabend dieser 2-tägigen Veranstaltung nicht geregelt. Die Zeit- und Raumaufteilung wurde auf ein FlipChart geschrieben und ausgehängt. Trotzdem wurden daraus gute Veranstaltungen mit Stammgruppen – jedenfalls aus Sicht der Teilnehmer, und das zählt in der Hauptsache. Es gab dabei Pannen, die jedoch weitestgehend von der abwechslungsreichen Atmosphäre des GTG-Systems aufgefangen wurden:

- Die Pausenübergangszeiten waren im Zeitplan vergessen worden (was zu Warte-Stau-Zeiten bei einigen Räumen führte).
- Die Stammgruppenmoderatoren waren nicht richtig eingeführt worden (eine Stammgruppe löste sich dadurch auf).
- Die Referenten wußten teilweise nicht, daß sie zweimal denselben Inhalt präsentieren sollten, statt eines Workshops in Fortsetzungen.
- Die Raumzuteilung an die Referenten wechselte von einem zum anderen Workshop, wodurch diese unnötigerweise Materialien und Dekorationen umbauen mußten.
- Symbole für die Stammgruppen wurden einfach auf den Empfangstisch gelegt und führten zu einer ungleichmäßigen Besetzung.
- Ein anderes Mal geschah die Stammgruppenzuteilung beim Einchecken gesteuerter, das Symbol wurde erst viel später ausgeteilt und bekam dadurch überhaupt keine Bedeutung, wurde großteils auch nicht an die Kleidung geheftet.

Diese Schilderung der Pannen soll zeigen, daß es weniger auf die Perfektion aller kleinen Bausteine ankommt. Wenn der Sinn einer ganzheitlichen Tagung verstanden ist, so wird die GTG-Tagung immer besser als jede noch so perfekte lineare Form. Die Stammgruppen mit der Diskussion und eine gewisse spürbare Wärme für die Teilnehmer werden die Tagung immer zu einem Erfolg machen, auch wenn einige Referenten dabei mal trocken sind oder organisatorische Lücken auftreten.

Kapitel 9
Planung
Aufwand
Ablauf
- Ganzheitlich
Mehr-Aufwand
- Gering
Pannen
- Kleine
- Unwesentlich
Checkliste
Startphase
Vorbereitung
- Ort
- Referenten
- Werbung
Tagung
- Selbst
Tagung
- Nachher
Referenten
Anforderungen
Coaching
Marketing
Ziel
Planung
Controlling
Information
- Daten
- Kommunikation
Organisation
- Zuständigkeiten
Marketing-Mix
- Teilnehmer-Gewinnung
Firmenintern
Finanzielles
Kalkulation
- Checkliste
Einnahmen
- Zusätzlich
Kosten
- Reduktion
- Ideen

10 Tagungsziel erreichen

Barrieren liegen nur in den Köpfen der Menschen, nicht in der Natur der Sache.

10.1 Übersicht der Instrumente

Bevor sich der Bogen des Buches nun schließt, sollen noch einmal alle Instrumente der Gestaltung einer erfolgreichen Tagung in einer tabellarischen Übersicht zusammengefaßt werden.

Instrument	LT	TPG	GTG	Wirkung
Vortrag	normal	Plenar oder Parallel	eher Ausnahme	spricht linke Gehirnhälfte an
Workshop	bei kleiner Tagung	leichter in Parallelveranstaltungen möglich	erwünschter Regelfall	größere Nähe der Teilnehmer zum Referenten, Rückfragen möglich, interaktiver
Podiumsdiskussion	mal ein anderes Element	ggf. als Abschlußplenarveranstaltung	dto.	gut, wenn emotionaler Anstrich, Visualisierung fehlt meistens
Fishbowl (Goldfischglas-Methode)	nicht möglich	nicht möglich	mit Delegierten von Stammgruppen	erhöhter Aufmerksamkeitswert für die übrigen Teilnehmer
Eventveranstaltung	möglich	dto.	dto. als Teil	am nötigsten bei LT für die Atmosphäre
OST	geht hier nicht	radikale Sonderform	kombinierbar	starke Aktivierung der Teilnehmer
VPG	ggf. als Schlußaktion möglich	dto.	paßt nahtlos dazu	Entscheidungstechnik mit äußerst breiter und intensiver Mitwirkung
Zukunftskonferenz	sieht wie LT aus, ist aber keine	sieht ähnlich aus, nur keine getrennten Räume	stellt systematische GTG dar, jedoch nicht in getrennten Räumen, Tische für die Stammgruppen	äußerst effektiv für die Beteiligung der Teilnehmer, hoch emotional

Instrument	LT	TPG	GTG	Wirkung
Referentenvorstellung	entfällt	sinnvoll	nimmt hier besonders kreative Formen an	stellt Bezug her, gut für Auswahlentscheidungen
Raumdekoration, Blumen und Poster	sinnvoll	sinnvoll	sinnvoll plenar und in Workshops	Atmosphäre
Musik	immer gut, mutig sein	dto.	dto.	sehr stimmungs-beeinflussend
Motivations-Personal	für Event-Tagung	für Event-Tagung	möglich	Atmosphäre, Spaß, Stimmung
Sketche/Referenten-dialog/Handpuppen	mutig und sinnvoll	gut	passend	gute Einstimmung
Nutzung OH-Folien inkl. Lacher-Folie	wichtig	gut	in den Workshops	fördert die Aufmerksam-keit/Emotionalität
Visualisierung über die 5 Sinne	immer gut	gut	Plenar und in den Workshops wichtig	spricht rechte Gehirn-hälfte an/Emotionalität, Behaltenswirkung
Entspannung/Fanta-siereisen/Centering/Integration (mentale Phasen)	einmal am Tag immer gut	dto.	gut im Erlebnismix	fördert Wohlbefinden, Denkvermögen und Erinnerung
Zwischenfragen/Diskussion	schwierig, selten, lähmend	eher möglich	laufend, muntere Teilnehmer	erzeugt Nähe und Beteiligung

Instrument	LT	TPG	GTG	Wirkung
Einzelarbeit Teilnehmer (Reflexion)	gut möglich	gut möglich	normal	Auseinandersetzung mit Thema statt Konsum, aktiviert Gehirn
Moderationstechnik (Karten, Klebepunkte)	in Teilgruppen und bei kleinen Tagungen	bei kleinem Umfang	normal	fördert die innere Beteiligung
Bewegungsübungen aller Art	sinnvoll	sinnvoll	jederzeit integriert	Sauerstoff, ggf. auch thematisch passend
Klatschen der Teilnehmer	sinnvoll bei Anlaß, auch als Bewegungsübung simultan gut	dto.	gut als Bewegungsübung	schafft starke Gemeinsamkeit, Energieaufbau
Kommunikationsmarkt	ganze Veranstaltung oder auch als Teil möglich	auch als Teil möglich	als Teil möglich	Bewegung, Atmosphäre, Beteiligung der Teilnehmer
Gruppenarbeit (2er, 3er, Kleingruppe)	als Teil eines aktiven Vortrags im Plenum	dto. und auch bei aktiven Workshops	dto., Stammgruppe jedoch i. d. R. nicht	aktivieren, Gespräch, Reflexion, Kennenlernen
Systematische Plenums-Teilgruppen	gute Methode, innovativ	dto., auch bei größeren Parallelveranstaltungen	übernimmt die Stammgruppe	ggf. Austausch von Erlebnissen

Instrument	LT	TPG	GTG	Wirkung
lockere „Familie“	gut für jede Großveranstaltung	auch als Teil möglich	nicht nötig, übernimmt die Stammgruppe	lockerer Austausch von Erlebnissen, Kontakte
parallele „Vertiefungsdiskussion“	gute Methode, innovativ	bei fortlaufendem Wechsel von Parallelveranstaltungen auch möglich	zu kompliziert	verschafft Interessenten mehr Information und Nähe zum Referenten
Stammgruppe	Plenumsteilgruppe ist Vorform	als sog. Berichtsgruppe zum Schluß möglich	Kern der GTG-Form	aktiviert und integriert alle Teilnehmer, Steuerungselement, sorgt auch für systematische Querinformation
Querinformationen über das Geschehen	entfällt	meist sinnvoll, oft schlecht organisiedrt	erfolgt systematisch in den Stammgruppen	gibt Teilnehmern Überblick, auch emotional, baut Verpassensfrust ab
Stimmungsbarometer	bei < 100 Teilnehmern	dto.	sinnvoll pro Stammgruppe	Rückkoppelung der Atmosphäre
Persönlicher Empfang	am wichtigsten bei LT	gut	gut	wirkt der Anonymität der Teilnehmer entgegen
kreatives Namensschild	gut	gut	gut	Teil der Atmosphäre

Instrument	LT	TPG	GTG	Wirkung
Tagungsmappe	wichtig	wichtig	wichtig	gut mit persönlicher Ansprache und interessantem Inhalt
Schlußplenum	normal	wichtig	wichtig	wichtig
Feedbackrate	abzuraten	abzuraten	in der Stammgruppe	Reflexion der Erlebnisse
Mentale Integration	gut	gut	gut	führt zu einem lebhaften inneren Bild und Verstärkung des Teilnehmererlebnisses
Ausspruch/Wort im Stehkreis	geht bis zu 300 Teilnehmer, aber mutig	dto.	dto., leichter möglich mit den aufgelockerten Teilnehmern	starkes Ende
Bewegungsübung zum Schluß	immer gut	dto.	dto., Teilnehmer sind experimentierfreudiger	setzt starke Energie zum Abschluß frei
Kreistanz/synchrones Klatschen	Kreistanz bis zu 300 Teilnehmern möglich	dto.	dto.	setzt Energie frei, betont das Gemeinschaftserlebnis
Feedbackformular	zu empfehlen	dto.	dto.	zum Lernen der Veranstalter, Ventil für Teilnehmer

Instrument	LT	TPG	GTG	Wirkung
Kennenlernaktionen generell	dringend nötig	sinnvoll	zusätzlich zu den Stammgruppen immer noch sinnvoll	schafft Nähe und Kontakte der Teilnehmer
Kennenlernen beim Empfang (spontane Kleingruppe)	meist nötig, sinnvoll	dto.	weniger nötig	optimaler Start für die Atmosphäre
themenorientiert an Pinwand	möglich	möglich	möglich	um Teilnehmer für Projekte zu gewinnen
Bonbon/5er Aktion	gutes Hilfsmittel	dto.	weniger nötig	für spontane und emotionale Kontakte
Vorabend	immer gut	dto.	dto.	für das zwanglose Kennenlernen
Tages-Rahmen-programm	wg. Begleitpersonen	dto.	dto.	auch Ventil für einige Teilnehmer/Wahlmöglichkeit
Abendprogramm	möglichst ohne zuviel frontales Programm	Auflockern des prallen Angebots	dto.	möglichst mehrere parallele Angebote
Morgenprogramm	immer gut	dto.	dto.	Frische für den Tag, Kontakte
begleitende Ausstellung	immer gut	dto.	dto.	Service für Teilnehmer

10.2 Kombinationsformen

Alle speziell entwickelten Sonderformen lassen sich sehr gut mit dem GTG-System kombinieren:

- Fishbowl-Technik: aus der Arbeit mit Stammgruppen ergeben sich Themen, die eine Verdichtungsgruppe quasi im Goldfischglas plenar ausdiskutiert. Die übrigen Teilnehmer hören sich das an.
- VPG: die Endrunden könnten ebenfalls im Goldfischglas von den übrigen Teilnehmern erlebt werden.
- OST: ist eine hervorragende Technik, wenn Themen und Teilnehmerkreis passen. Hier können Stammgruppen eine hervorragende Querinformation bieten und die Plenarzeit verkürzen, ohne zuviel Struktur zu bringen und die Spontaneität zu verringern.
- Zukunftskonferenz: ist bereits eine GTG mit einem speziellen Ablauf in zusätzlichen Mixgruppen und einem Plenaranteil. Es wird jedoch nicht versucht, den Stammgruppen (Tischgruppen) zuviel Identität einzuhauchen, um das Gemeinschaftserlebnis dominieren zu lassen.

10.3 Innovative Einstellung der Tagungsleitung

Neue Ideen, egal ob technisch oder organisatorisch, sind oftmals der Zeit voraus und stoßen zunächst auf Widerstände. Das Gesetz der Trägheit des Menschen ist wohl ein Grundgesetz, aber kein unüberwindbares. Konventionelle Tagungen leben oft von prominenten Referenten. Inwieweit neue organisatorische Konzepte diese mehr zum Erlebnis werden lassen können, ist den Teilnehmern und den Referenten meist unbekannt. Das ist wie mit dem Produkt, welches noch keine Nachfrage hat, weil es noch nicht angeboten wird. Glücklicherweise gibt es jedoch Innovatoren.

Wo liegen nun die Hauptschwierigkeiten in der Anwendung der erfolgreichen Prinzipien und Tagungsformen? Die Hürde liegt dabei weniger in den praktischen Problemen zur Perfektionierung des ganzheitlichen Systems:

- Woher Suggestopäden mit Gestaltungsideen und Know-how für mentale und Bewegungstechniken nehmen?
- Wie genügend Moderatoren für Referenten und Gruppenbetreuung beschaffen?
- Wie die Referenten für mehr interaktive Workshops etc. begeistern?
- Wie Hotel oder Tagungsstätte mit geeigneten Räumlichkeiten finden?

Die Hürde liegt mehr in den inneren Hemmnissen der Verantwortlichen für die Umsetzung neuer Ideen, gerade wenn diese Verantwortlichen aus einer Gruppe, einem Komitee oder einem Vereinsvorstand bestehen. Und innerbetrieblich gilt dies ebenfalls oft, obwohl die Firmen bei den veranstalteten Events zunehmend innovativer werden. Immer noch zu oft hört man Aussagen wie:

- Das haben wir aber noch nie so gemacht.
- Die Teilnehmer sind doch bisher alle zufrieden gewesen.
- Die Feedback-Formulare zeigten kein Bedürfnis nach ganz neuen Methoden auf.
- Das macht aber viel Arbeit, die Kapazität haben wir nicht.
- Das mag mit anderen Leuten gehen, aber nicht bei den unsrigen.
- Was wird der Chef wohl dazu sagen?
- Wir haben keine Erfahrung mit anderen Konzepten.

Oder noch spezifischer:

- Die Teilnehmer wollen doch nicht aufstehen.
- Wir können ihnen nicht zumuten, den engen Raum zu wechseln.
- Da muß ja jeder mitdenken.
- Dafür ist keine Zeit, wir haben zuviel anderes Programm.

Für den Einwand der fehlenden Zeit gilt die Regel „weniger ist mehr". Wenn mehr Aufnahmefähigkeit und innere Beteiligung (Stimulierung) der Teilnehmer gewünscht ist, dann muß dafür etwas weggelassen bzw. am Inhaltlichen, bei den Vorträgen gekürzt werden.

Betrachten wir doch noch einmal das anfängliche Tagungsziel. Besteht es mehr im Angebot einer großen Menge an Information, oder mehr in der Zufriedenheit der Teilnehmer, die durch das Verarbeiten mehr mitnehmen?

Für die Zukunft zeichnet sich ein positiver Trend ab. Tagungen verbreiten sich immer mehr. Es kann nicht sein, daß die Verschwendung der mentalen Ressourcen, des Potentials oft hochkarätiger Teilnehmer, weiter geht wie bisher. Es sieht so aus, daß die Zukunft in der ganzheitlichen Tagung liegt, weil sie erfolgreicher ist.

10.4 Erfolgsmessung

Erfolg läßt sich nur an der Erreichung eines Zieles messen. Und die Ziele sind von Veranstaltung zu Veranstaltung verschieden. Auch Veranstalter und Teilnehmer haben nicht identische Ziele. Das Messen ist jedoch schwierig. Mit Fragebögen läßt sich die Zufriedenheit der Teilnehmer ermitteln, das ist aber nur die spontane Sicht der Teilnehmer, nicht die der Veranstalter.

Im Anhang findet sich ein Feedbackbogen. Jedoch ist es äußerst schwierig, systematisch die Veranstaltungsformen so zu variieren, daß Vergleichsmessungen damit möglich sind.

Lediglich eine meßbare Aussage läßt sich machen: bei normalen Tagungen in der LT-Form sind bei der Schlußplenarveranstaltung noch 50 % der Teilnehmer im Saal. Mit GTG stieg diese Quote auf 75 %.

Der Tagungserfolg setzt sich folgendermaßen zusammen:

Tagungserfolg = Lernerfolg =

Informationsangebot + aktive Beteiligung + regenerative Elemente.

10.5 Resümee

Das Buch hat einen Überblick über die 3 unterschiedlichen Tagungsformen, ihre fließenden Übergänge und der Fülle an Details gegeben, die alle dazu dienen, Aufmerksamkeit und Potential zu stimulieren und so den Tagungserfolg zu erhöhen.

Dabei lassen sich im Grunde zwei Richtungen erkennen:

- das Ansprechen des Teilnehmers über die Sinne, die entstehende Emotionalität
- die soziale Integration (die natürlich auch die Emotionen anspricht).

Beides fördert die Aufnahmebereitschaft und erhöht die Nutzung des menschlichen Potentials. Bei allen Tagungsformen finden sich diese beiden Aspekte schon mehr oder weniger ausgeprägt.

Das läßt sich in einem Quadrat darstellen:

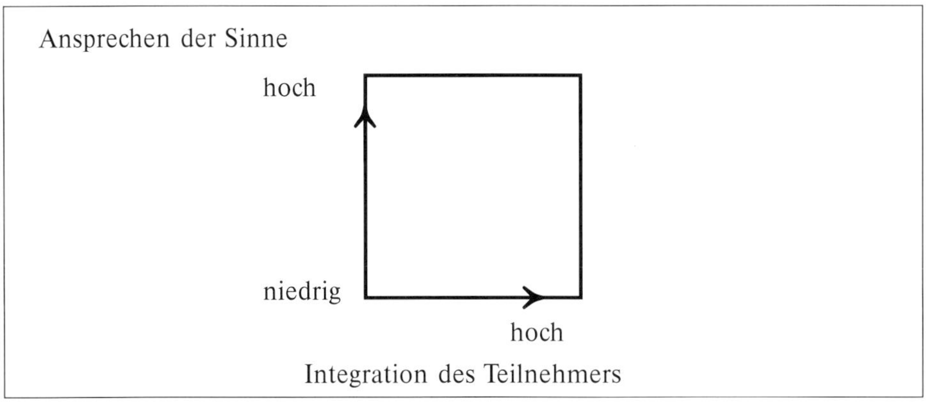

Links unten liegt ein steriler klassischer Vortrag und entsprechende LT-Formen. Je mehr sich die Tagung in der Gestaltung nach oben bewegt, desto besser. Ein guter Referent kann hier schon mit aktiven und interaktiven Methoden viel tun. Mit letzteren bewegt er sich in diesem Quadrat schon etwas nach rechts.

Die andere Richtung ist die soziale Integration des Teilnehmers, andere Menschen kennenlernen, sich austauschen und dabei selbst besser reflektieren und aufnehmen. TPG geht schon etwas in diese Richtung.

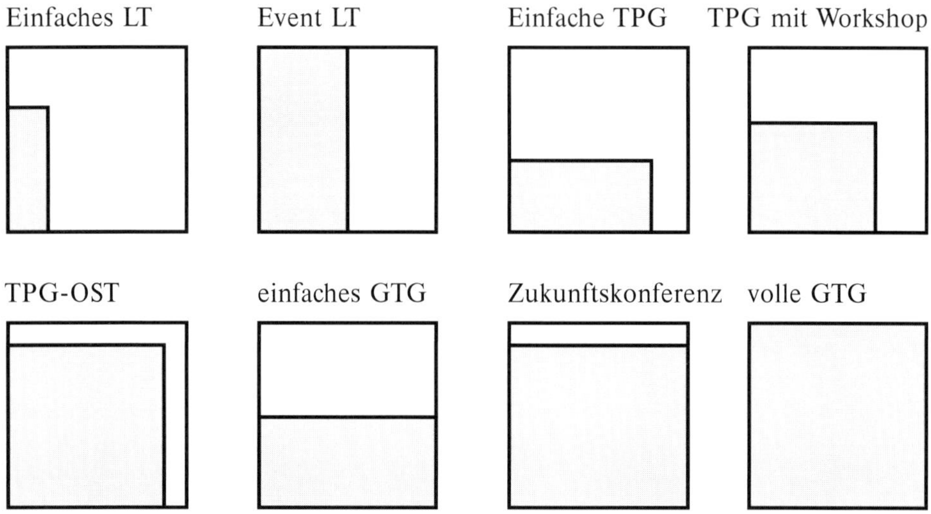

Eher rechts unten befindet sich eine einfache Form der GTG. Werden alle Sinne einbezogen, bewegt sie sich nach rechts oben. Folgende Beispiele geben nun einen geometrischen Überblick, wobei die Fläche die Wirksamkeit darstellen soll.

TPG nach Open Space wird sicher die potentielle Fläche noch mehr ausfüllen. Bei vollem GTG, Zukunftskonferenz und Tagungsteilen mit VPG wird sicher die volle Fläche des gesamten Quadrats erreicht werden können.

Angesichts der vielen Möglichkeiten, eine Tagung erfolgreich zu gestalten, mag eine Verwirrung entstehen. Der Tagungsverantwortliche kann aus einem Füllhorn auswählen, das bedeutet aber nicht, daß alle diese möglichen Aktivitäten, Effekte und Hinweise gleichzeitig und en bloc anzuwenden sind.

Auch hier gilt: weniger ist mehr. Reizarmut muß nicht gleich durch Reizüberflutung ersetzt werden. Alle Feinheiten in den Vorgehensweisen müssen angepaßt sein:

- an das Ziel
- an die Einstellungen, Verhaltensweisen der Teilnehmer (Zielgruppe)
- an die Räumlichkeiten
- und nicht zuletzt an Themen und Inhalte der Tagung.

Das bedeutet, daß weniger die eingesetzte Organisationsform, aber die einzelnen Instrumente kontextabhängig sind. Ziel ist die möglichst starke Nutzung des Potentials der Teilnehmer. Wie die OST zeigt, ist eine Anlage der Veranstaltung auf Selbstorganisation dann sehr hilfreich, um die Teilnehmer zu ihren Ressourcen zu führen. Aber wenn ein Veranstalter einer große Teilnehmerzahl mit einer gewissen Zeitdauer ein Forum geben will, ist einfach ein gewisser Rahmen zu organisieren, damit die Veranstaltung emotional und intellektuell ein Erfolg wird. Nicht zu wenig und nicht zu viel Organisation, beides ist zu beachten.

So wie die innovationshemmenden Einstellungen der Mitverantwortlichen für die Tagung hinterfragt werden müssen („Wenn wir eine erfolgreichere Tagung wirklich durchführen wollen, dann müssen wir eben die eigenen Vorstellungsgrenzen weiter stecken"), so müssen wir selbst uns Grenzen setzen und dürfen die Menschen nicht überfordern. Aber wir haben auch die Verantwortung, diese Grenzen auszuloten und langsam zu erweitern.

Stellen Sie sich den Unterschied einer Tagung mit älteren Herren vor und beim Bundesverband Junger Unternehmer. Da können nicht im gleichen Stil Bewegungsübungen eingebaut werden. Die Konzeption der Veranstaltung muß von der Zielgruppe abhängen.

Zum Abschluß möchte ich Ihnen wieder eine kleine Geschichte erzählen:

Auf der Farm der Tiere sollte wieder wie jedes Jahr eine Konferenz stattfinden. Dieses Mal war der schlaue Fuchs Robin an der Reihe mit der Organisation. Er wollte es besonders gut machen und ging in die Bibliothek und las alle Bücher von Menschen und Tieren über solche Veranstaltungen.

Mit seinem Arbeitsteam überlegte er 99 verschiedene Möglichkeiten, die Konferenz den Wünschen der Tiere anzupassen. Für die Elefanten war allgemeines Stampfen dabei. Wegen der Giraffen sollten alle Eßkörbe hoch gehängt werden. Um den Fischen entgegenzukommen, war der Saal mit 5 cm Wasser bedeckt. Und für die Affen waren überall mitten im Saal Bäume aufgestellt.

Können Sie sich vorstellen, daß die Geschichte so endet:

Schluß 1

Als der große Tag kam, waren wirklich alle Tiere erstaunt, wie auf sie eingegangen wurde. Und die Konferenz wurde ein großer Erfolg.

Oder Schluß 2:

Es gab ein völliges Durcheinander, weil bei den Stampf-Übungen alles naß wurde. Die Vögel besetzten aufgrund des Wassers die Bäume, was den Affen nicht gefiel. Die Bäume versperrten für viele den Blick etc.

Oder Schluß 3 mit Happy-End:

In der Nacht zuvor hatte der Fuchs jedoch eine Eingebung, rief frühmorgens sein Team zusammen und baute bis zum Beginn der Konferenz alles nochmals um. Wie sah das wohl aus?

Was ist Ihre Lösung? Schreiben, faxen oder mailen Sie mir!

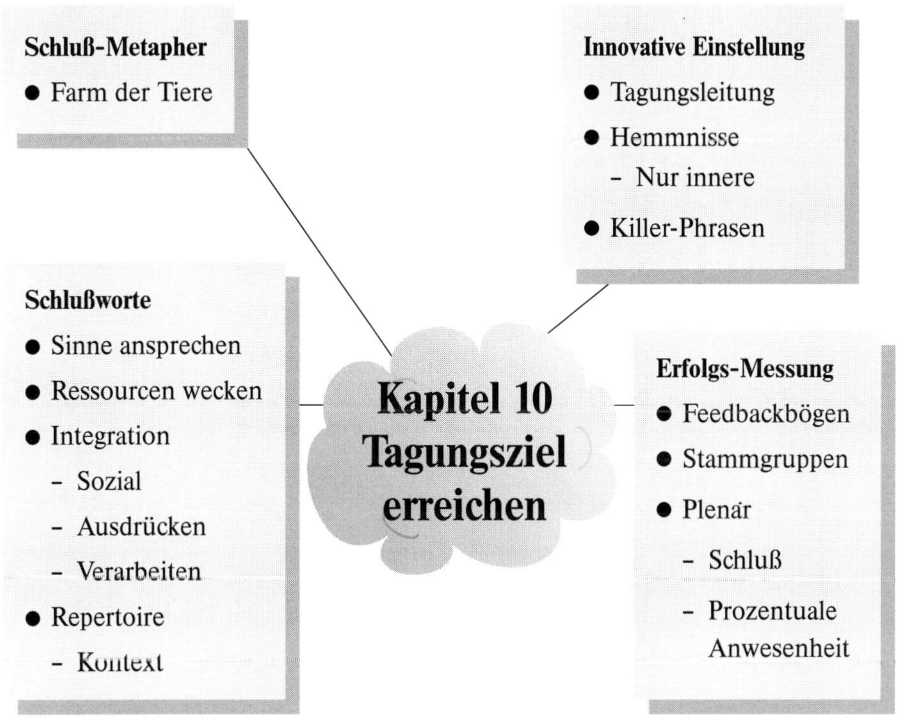
Kapitel 10
Tagungsziel
erreichen
Schluß-Metapher
Farm der Tiere
Innovative Einstellung
Tagungsleitung
Hemmnisse
Nur innere
Killer-Phrasen
Schlußworte
Sinne ansprechen
Ressourcen wecken
Integration
Sozial
Ausdrücken
Verarbeiten
Repertoire
Kontext
Erfolgs-Messung
Feedbackbögen
Stammgruppen
Plenär
Schluß
Prozentuale
Anwesenheit

Anhang

1. Formularentwürfe 151

2. Beispiele und Tips 171

3. Hilfreiche Adressen 191

4. Weiterführende Literatur 193

5. Glossar 195

6. Stichwortverzeichnis 197

1 Formularentwürfe

1.1 Checkliste Material für Tagung

	geplant	vorhanden
1. Namensschilder für Teilnehmer, ggf. farbige Filzstifte dazu. Des weiteren Klebepunkte, Symbolaufkleber		
2. Teilnehmerliste für jeden Teilnehmer, ggf. mit Nachträgen		
3. Tagungsmappen, evtl. inkl. 1+2		
4. Kasse, Quittungsblöcke, möglichst fix und fertig ausgefüllt, damit das Einchecken schnell geht		
5. Liste offener Posten (Tagungsteilnehmer, die noch nicht bezahlt haben)		
6. Auftragsbestätigung Tagungsstätte, Korrespondenzakte		
7. Unterlagen Referenten, ggf. noch zu überreichende Unterlagen bei Einchecken, Abrechnungsformular für Spesen der Referenten etc.		
8. Ggf. Musik, und Anlage/Lautsprecher dazu; Kabellose Mikrofone etc.		
9. Blumen, Dekoration, Leitschilder, Tesakrepp		
10. Veranstaltungstransparent für Plenum (Motto), Poster etc.		
11. In jeden der Räume Veranstaltungsplan mit Zeiten und Raum hängen		
12. Prospekte für Auslage, ggf. nachträglich auszulegende Unterlagen von Referenten		
13. Ggf. fertige Folien für Plenar Overhead		
14. Ggf. Gong für Zeiten, Klingel etc.		
Prüfen vor Ort:		
15. Lichtverhältnis tags und abends; Verdunkelungsmöglichkeiten (Technik klären)		
16. Projektionsfläche; Steckdosen für Overhead, Ersatzglühlampen; Kabelverlauf		
17. Akustik, Standort Lautsprecher Mikrofone		
18. Lärmschutz		
19. Raumklima und Technik dazu (Luft, Heizung)		
20. Bestuhlung und notwendige Tische		

1.2 Kalkulationsbeispiel

1.	Einnahmen aus Teilnehmergebühren	16.012,- DM
2.	Sonstige Einnahmen von Mitveranstaltern	24.000,- DM
3.	Sonstige Einnahmen: Anzeigen Verzeichnisse	300,- DM
4.	Gesamteinnahmen	40.312,- DM
5.	Prospektdruck für Tagung (6300 Einladungen) inkl. Umschläge	4.193,- DM
6.	Adressenkauf	858,- DM
7.	Portokosten für Einladungen	3.297,- DM
8.	ggf. weitere Lettershop-Kosten, Aushilfen kuvertieren	727,- DM
9.	Anzeigenkosten (Kulturmagazin)	460,- DM
10.	Tagungsmappen, nur Teilnehmerlisten	268,- DM
11.	Namensschilder und sonst. Büromaterial vor Ort, entfiel	0,- DM
12.	Referentenhonorare, entfiel	0,- DM
13.	Zuzüglich Referentenspesen mit Fahrtkosten, Übernachtung	4.123,- DM
14.	Rahmenprogramm (z. B. Künstler, Orchester etc.), Honorare und Nebenkosten	0,- DM
15.	Honorare für Helfer, entfiel	0,- DM
16.	Spesen und Übernachtungskosten für die Helfergruppe, entfiel, vor Ort	0,- DM
17.	Dekoration und Blumen, gestellt durch Mitveranstalter entfiel	0,- DM
18.	Raummieten, Nebenkosten (Heizung, Strom, ggf. Bewachungskosten)	0,- DM
19.	Miete technische Hilfsmittel, für Tonanlage, Großleinwand	2.012,- DM
20.	Transport- und Frachtkosten, entfiel	0,- DM
21.	Tagungsgetränke und Kosten Kaffeepausen für Teilnehmer, Pauschale von 175 x 100,-	17.500,- DM
22.	Sonstige Verpflegungskosten	4.320,- DM
23.	Konzeption und Durchführung der Tagung durch AGP	3.600,- DM
24.	Reportage (Fotos)	805,- DM
25.	Dokumentation drucken	6.947,- DM
26.	Gesamtkosten	49.110,- DM
27.	Veranstaltungsdefizit	8.798,- DM

Quelle: AGP, Veranstaltung 1. Ideenforum Kassel, Arbeit durch Selbständigkeit. Ziel war, mit einer leichten Unterdeckung der Kosten von nicht mehr als 20% auszukommen.

1.3 Info für Workshop-Betreuer/Moderatoren

Name des Moderators/Betreuers ______________________________

verantwortlich für den Workshop/Vortrag von ______________________

mit dem Thema ______________________

Zeit ______________________ Ort ______________________

Allgemeine Information der Moderatoren und Workshop-Betreuer:

Ihre Aufgabe ist wichtig, denn im Rahmen einer Tagung muß besonders auf einen reibungslosen und didaktisch guten Ablauf aller Elemente geachtet werden.

Vor der Tagung:

Nehmen Sie vor der Veranstaltung Kontakt mit dem Referenten auf. Dieser hat schon von uns folgende schriftlichen Informationen bekommen (siehe z. B. 1.5):

Wenn wir vom Referenten sein Anforderungsblatt bezüglich Technik erhalten haben, finden Sie dieses in der Anlage. Andernfalls müssen Sie diese Dinge mit ihm telefonisch klären/faxen und es uns dann weitergeben. Während der Tagung kontrollieren Sie die Bereitstellung.

Diese Kontaktaufnahme verfolgt den Zweck, daß sich der Referent auch gut betreut fühlt. Stellen Sie ihm Fragen, die Ihnen genug Kenntnisse des Themas für die Anmoderation ermöglichen.

Zuguterletzt fragen Sie den Referenten, wie er methodisch seinen Vortrag/Workshop gestaltet. Weisen Sie ihn nochmals darauf hin, daß bei einer Tagung und einem vielfältigen Angebot von Veranstaltungen andere Gesetze für die Aufmerksamkeit der Teilnehmer gelten als z. B. bei einer reinen Abendveranstaltung. Gehen Sie mit dem Referenten telefonisch die Checkliste der aktiven Vortragsmethoden durch, die dieser auch mit einer Info bekommen hat. Geben Sie ihm daraus nochmals Anregungen.

Während der Tagung:

Wenn Sie es nicht wissen, erfragen Sie beim Empfang die Ankunftszeit des Referenten. Sorgen Sie dafür, daß Sie ihn rechtzeitig begrüßen und helfen sie ihm bei ggf. noch offenen Fragen in Technik, seinen Handouts etc.

Kontrolle des Raumes vor dem Workshop und technische Betreuung des Referenten: Overhead-Projektor, Ersatzglühlampe, Stifte, Blankopapier. FlipChart, Papier und dicke Filzschreiber, ggf. Pinwand, Karten, Klebepunkte, Nadeln und dünne Filzschreiber – sowie die übrigen Dinge seiner Anforderungsliste.

Handouts mit Referenten bei Eintreffen klären. Auch kurz klären, was bei der Anmoderation von Ihnen gesagt wird.

Während des Vortrags/Workshops in der Nähe des Referenten sitzen, und zwar so plaziert, daß Sie auch einen Überblick über Teilnehmer haben, auf Zeit achten! Vereinbaren Sie mit dem Referenten ein Zeichen, wann Sie ihn auf das nahende zeitliche Ende aufmerksam machen.

○ Referenten kurz anmoderieren

○ Fragen/Diskussion der Teilnehmer eröffnen und moderieren

○ Referenten abmoderieren, Dank aussprechen

○ Ggf. aufräumen und Raum für nächste Veranstaltung wieder herrichten.

Mittags und Abends treffen sich die Moderatoren zum Nachtisch mit der Tagungsleitung an einem gesonderten Tisch. Dieses Treffen dient Rückmeldungen und Besprechung von Änderungen im Programm.

Variante: Hilfe der Moderatoren beim Empfang der Teilnehmer

Hier ist das Tagungsbüro zu unterstützen, weil am ____________ zu viele gleichzeitig innerhalb von 30 Min. ankommen. Diese Hilfe sieht folgendermaßen aus:

○ ganz persönliche Begrüßung beim Einchecken „willkommen ...", Getränk anbieten, Handschlag

○ erklären, daß Namensschilder persönlich ausgemalt werden

○ die Bedeutung der Stammgruppen erklären, nach Lieblingssymbol fragen, ist wichtig für Identifikation (Freunde/Bekannte, die zusammenkommen fragen: wollen Sie neue Leute kennenlernen, dann besser verschiedene Stammgruppe).

Anlagen: erwähnt

1.4 Info für die Moderatoren der Stammgruppen

Allgemeine Info

Name ____________________

Verantwortlich für Stammgruppe ____________________

Ort ____________________

Zeiten lt. Tagungsplan ____________________

Sie kennen die Funktion der Stammgruppen. Ihre Aufgabe ist wichtig, denn es liegt viel an den Moderatoren, wenn die Stammgruppe sich nicht mehr diszipliniert trifft und so Unzufriedenheit entsteht.

Hierzu ist zunächst die Identifikation der Teilnehmer mit der Gruppe und ihrem Symbol nötig. Das Symbol bitte öfter ansprechen. Und auch öfter die Bedeutung dieser Treffen betonen. Ganz besonders wichtig ist das erste Treffen, weil es die emotionale Verbindung und die Grundlage für die Gruppenkohäsion schafft.

Achten Sie auf die Namensschilder und die Beibehaltung der Symbole auch am 2. Tag.

Grundsätzliche Aufgaben:

1. Kontrolle des Raumes vor den Treffen, auch für die darin stattfindenden Workshops, also somit technische Betreuung des Referenten. Insofern sind Sie den ganzen Tag für diesen Raum verantwortlich:

○ Stifte, Papier, Klebepunkte

○ Sonst. technische Ausstattung (Musik?)

○ Pinwand und FlipChart frei

○ Klebeband-Rolle verfügbar

2. Moderation der Stammgruppentreffen

3. Ggf. Stimmungsbarometer jeweils im Foyer plazieren und vor nächster Runde mit in die Stammgruppe nehmen.

4. Gruppensymbole bereithalten und verlegte ggf. am 2. Tag ergänzen, auch Namensschilder.

Es wird empfohlen, bei jedem Treff die (anliegende) Tagesordnung auf ein FlipChart zu schreiben. Mittags und Abends treffen sich die Moderatoren zum Nachtisch mit der Tagungsleitung an einem gesonderten Tisch. Dieses Treffen dient Rückmeldungen und der Besprechung von Änderungen im Programm.

Variante: Hilfe der Moderatoren beim Empfang der Teilnehmer

Hier ist das Tagungsbüro zu unterstützen, weil am ____________ zu viele gleichzeitig innerhalb von 30 Min. ankommen.

○ ganz persönliche Begrüßung beim Einchecken „willkommen ...“, Getränk anbieten, Handschlag

○ erklären, daß Namensschilder persönlich ausgemalt werden

○ die Bedeutung der Stammgruppen erklären, nach Lieblingssymbol fragen, ist wichtig für Identifikation (Freunde/Bekannte, die zusammenkommen fragen: wollen Sie neue Leute kennenlernen, dann besser verschiedene Stammgruppe).

Variante: Referentenbetreuung

Sie betreuen zugleich die Referenten, die in Ihrem zugeteilten Raum präsentieren. Hierüber unterrichtet Sie die spezielle Checkliste.

Anlagen: Abläufe der einzelnen Stammgruppentreffen

1. Stammgruppentreffen

Vorher: Herrichten des Raumes für das 1. Treffen:

○ Ggf. Gruppenmaskottchen in die Mitte neben das Blumengesteck plazieren

○ Daneben ca. 100 Pinwand-Karten (ohne die Farbe Rot) und 20 Stifte legen

○ Außen herum ggf. die Postkarten (für Kennenlernübung) anordnen

○ Auf einer Pinwand mit roten Karten die Themen und Referenten der ersten Workshop-runde, dito auf zweiter Pinwand für die zweite Runde heften. Jeweils auch eine Karte mit der Aufschrift „noch unentschieden" vorsehen

○ Ggf. Handouts bereithalten (falls Arbeitsaufgabe zum Tagungsmotto).

Auf FlipChart bunt die Punkte für das 1. Treffen schreiben:

a) Vorstellung und Kennenlernen

b) Aufteilung auf den 1. Workshop und Vorschau

c) ggf. Erwartungen an die Workshops, Kriterien für Beurteilung und Berichte

d) ggf. weitere Hinweise zur Organisation bzw. Arbeitsaufgabe zum Tagungsmotto

e) ggf. Stimmungsbarometer

Vorschlag für Kennenlernübung:

Auf dem Boden liegen um den Blumenstrauß und das Gruppenmaskottchen herum die Postkarten. Die Teilnehmer bitten, herumzugehen und eine Postkarte auszusuchen. Dann sollen sie einen zweiten Teilnehmer suchen, der ebenfalls eine hübsche Postkarte hat. Sich diesem 1 Minute vorstellen, dann wechseln (Moderator gibt Zeitsignal).

Dann alle wieder setzen, Partner zusammen. Jeder sucht sich aus der Mitte einen Stift und 2 Pinwand-Karten.

Geben Sie die Anweisung: „Schreiben Sie bitte auf beide Karten Ihren vollen Namen, auf der 1. Karte verwenden Sie eine 2. und 3. Zeile für Angaben über Ihre Person: z. B. Ort, Tätigkeit, Hobbys. Dann gehen Sie nach Popcorn-Methode nach vorne, heften die erste Karte auf die linke Pinwand zu dem Workshop, den Sie besuchen wollen, dann die 2. Karte auf die rechte Pinwand als erste unverbindliche Vorschau auf die nachfolgende Workshop-Runde. Zugleich stellen Sie sich kurz vor."

Auch Sie zeigen Ihre gewählte Postkarte und sagen einen Satz, warum Sie diese ausgewählt haben. Wenn Sie sich setzen, legen Sie die Postkarte bitte wieder zurück.

Damit ist Aufgabe a und b erledigt. Falls ein Workshop zu viel oder zu wenig belegt wird, Hinweis an Veränderungswillige geben:

„Gibt es nicht jemanden aus den stark besetzten Workshops, der wechseln will, später gibt es doch noch eine 2. Möglichkeit mit besserer Info vorher."

Alternative Vorstellungsübung für den zeitlichen Notfall: ohne Karten und im Stehen.

Zeitplanung: die Punkte a + b können bis zu 30 Minuten dauern.

Einleitung Punkt c durch Moderator:

„Wir wollen zusammenstellen, welche Erwartungen wir an Workshops/Vorträge haben, welche Kriterien wir dabei anlegen. Diese können auch Checkliste für die Berichte hier in der Stammgruppe sein."

Brainstorming je nach Zeit auf Zuruf auf FlipChart oder mit Karten Pinwand. Dann Gewichtung punkten. Möglichst in Reihenfolge nochmals sauber auf FlipChart schreiben und aushängen für die späteren Berichte vom Besuch der Workshops.

Hinweise für Aufgabe d):

Entsprechend dem Konzept der Tagung, z. B. eine Gruppenpräsentation, wie die Tagung empfunden wurde. Hinzu kommt ggf. noch die Themenorientierung der Stammgruppe, die in einem eigenen Infoblatt beschrieben ist.

Aufgabe e):

Sie haben das Stimmungsbarometer aufgehängt und mit dem Gruppensymbol markiert. Jeder Teilnehmer erhält in ggf. passender Farbe einen oder zwei Klebepunkte und plaziert diese am Ende der Stammgruppensitzung. Sorgen Sie als Moderator dafür, daß das Stimmungsbarometer im Foyer an der festgelegten Stelle aufgehängt wird bis zum nächsten Stammgruppentreffen und bringen Sie es dazu wieder mit.

Themenorientierte Stammgruppenarbeit / Beispiel Veränderungsprozesse

Zielsetzung: Stammgruppen arbeiten themenorientiert und präsentieren zum Abschluß ihre Ergebnisse.

Darüber hinaus soll aus den Workshops/Referaten ein „Produkt" entstehen: z. B. zum Thema „Veränderungsprozesse – initiieren, gestalten, erfolgreich abschließen"

Die Zusammensetzung der Stammgruppen erfolgt bei dieser Variante themenbezogen beim Einchecken. Die nachfolgenden Themenvorschläge werden den Teilnehmern dort genannt, sodaß sie sich bei der Ankunft für eine Gruppe bewußt entscheiden können.

Beispiel für themenbezogene Stammgruppenaufgaben:

1. Einfluß Rahmenbedingungen/Unternehmenskultur auf Veränderungsprozesse
2. Einbindung der Mitarbeiter in Veränderungsprozesse
3. Verhaltensänderungen in Veränderungsprozessen
4. Veränderungsprozeß und Einflußmöglichkeiten eines Externen

Arbeitsweise in der Gruppe – Information für die Stammgruppenmoderatoren:

a) Zum Einstieg und möglichst beim 1. Stammgruppentreffen versuchen, zunächst den Begriff „Veränderungsprozesse" zu definieren. Dies kann durch einfache Kartenabfrage geschehen. Oder besser noch emotional bei den Teilnehmern beginnen, indem diese in Einzelarbeit einige Veränderungen in ihrem persönlichen Umfeld notieren und dann der Frage nachspüren, was die Ursachen für Erfolg und Mißerfolg waren. Dann erfolgt eine Partnerarbeit, wobei die Ursachen ausgetauscht werden. Diese – soweit Sie zum Thema der Gruppe passen – werden gemeinsam auf ein Kärtchen geschrieben und mit + oder – markiert, dann auf die Pinwand gehängt.

b) Als Moderator sortieren und clustern Sie diese Karten. Stellen Sie Rückfragen an die Schreiber. Stellen Sie einen Bezug um Arbeitsthema der Gruppe her.

c) Während jedes Stammgruppentreffens stellen Sie die Kartenfrage: Aus meinem zuletzt besuchten Workshop habe ich folgende Hinweise/Ansätze/Ideen für unseren Themenschwerpunkt mitgenommen.

d) Ggf.: für die Schlußrunde werden Fragen an die Referenten gesammelt „Das war noch unklar".

e) Nach der Stammgruppenarbeit, für die entsprechend längere Zeit eingeplant ist, liegt ein Konzept zu den jeweiligen Themen vor, daß in der Schlußrunde präsentiert werden kann. Dann werden die Ergebnisse im Plenum präsentiert. Benutzen Sie hierfür handgeschriebene Overhead-Folien.

Diese Arbeitsanweisung ergänzt die Informationen für die einzelnen Stammgruppentreffen.

Mittleres Stammgruppentreffen

Vorbereitung:

- Raumdekoration: Stuhlkreis ggf. wieder herrichten, Blumengesteck
- ggf. Maskottchen in Mitte neben dem Gesteck
- ggf. FlipChart mit den Kriterien sichtbar
- Pinwand mit Personenaufteilung für die vorherige Workshop-Runde sichtbar
- ggf. Stimmungsbarometer vom Foyer mitbringen und Klebepunkt bereithalten
- Aufgaben (auf FlipChart schreiben)
- Berichte von jedem Teilnehmer
- Weitere Aufteilung für nächste Runde (also 2. Pinwand ergänzen bzw. umstellen)
- Evtl. Fortsetzung Kriterienausarbeitung
- Ggf. Stimmungsbarometer
- Ggf. Sonderaufgaben lt. Hinweis der Tagungsleitung
- Ggf. Ideen für Resümee/Vernissage am Ende sammeln
- Kontrolle und Ergänzung Namensschilder und Stammgruppen-Symbole

Themenweise, also ein Workshop nach dem anderen durchgehen. Moderator kann sich dabei mit Fragen nach der Liste der Kriterien richten. Jeden zu ein paar Worten veranlassen. Wichtig: Falls ein Referent in der Stammgruppe anwesend ist, diesen herzlich begrüßen und bitten, wenn sein Workshop besprochen wird, nur Mäuschen zu spielen und sich möglichst in die zweite Reihe zu setzen. Dies erleichtert den Teilnehmern die Äußerung ihrer eigenen subjektiven Empfindungen und mehr Offenheit, was gerade erwünscht ist.

Letztes Stammgruppentreffen

Vorbereitung siehe vorherige Checkliste, Aufgaben:

a) Berichte, ggf. von einer Abendveranstaltung, von der letzten Workshoprunde

b) Ggf. Ergänzung der Kriterienliste auf FlipChart sauber

c) Wie ist der Stand der themenbezogenen Aufgabe der Gruppe? Weiter daran per Moderation arbeiten

d) Art und Organisation der Vernissage. Inhalt: Ablauf, Qualität der Veranstaltung, ggf. Empfehlungen für spätere Symposien

- Beispiele
- Bild malen
- Mind-Map als Gruppe machen
- Sketch überlegen
- Ggf. Gruppenmaskottchen einbeziehen

Die Tagungsleitung wird dafür sorgen, daß im Plenum, wo die Vernissage stattfindet (jede Gruppe hat zumindestens eine Pinwand dort), auch der Kaffee bereitsteht. Wie bei einer künstlerischen Vernissage geht man mit Glas/Tasse in der Hand herum.

e) Falls es für den Nachmittag abzubröckeln scheint, so Hinweis auf die letzte Veranstaltung.

f) Ggf. jetzt schon Abschied in der Stammgruppe

g) Ggf. letztes Stimmungsbarometer ausfüllen

1.5 Referentenbetreuung/-information

Die nachstehenden Infoschreiben sind Standardentwürfe im Sinne erfolgreicher Großveranstaltungen. Darüber hinaus muß u. a. noch eine Referentenvereinbarung (mit Absageklausel - Stornierungsbedingung) geschlossen werden. Auch weitere telefonische und schriftliche Kontakte werden erforderlich sein. Hinzu kommen Abrechnungsbelege.

1. Info für Referenten

(In der Phase der Werbung des Referenten)

Informationsblatt für Referenten

Betrifft: GLT-Symposium ______________________________

Thema:

Die GLT ist ______________________________

Referenten zu unseren Symposien bekommen grundsätzlich ________ (Honorarregelung einsetzen). Sie haben Spielraum für die Werbung für ihre Seminare oder Person/Firma. Prospekte können sowohl für die Teilnehmer am Workshop als auch auf einem besonderen Tisch im Foyer ausgelegt werden. Es werden die Fahrtkosten und die Hotelkosten ersetzt.

Es ist sinnvoll, daß alle Referenten bei der (kurzen) Eröffnungsveranstaltung anwesend sind, um sich vorzustellen und für den Besuch ihres Workshops zu werben. Jeder Workshop wird einmal wiederholt. Zwischendurch treffen sich die Teilnehmer in festen sog. Stammgruppen und tauschen die Erfahrungen und Erlebnisse, auch ihre persönliche Beurteilung aus. Dadurch kann sich beim 2. Mal der „Zulauf", aber oft auch die Reaktion der Teilnehmer während des Workshops, verändern.

Auch die Referenten können und sollen einer solchen Stammgruppe angehören und dadurch diese Berichtsphasen selbst erleben und einen Überblick über das gesamte Symposium bekommen. Bei den Berichten über ihren eigenen Workshop sollen sie - in Abstimmung mit der Gruppe - entweder den Raum verlassen oder nur zuhören und das Feedback für das eigene Lernen nutzen, auf jeden Fall keinen Kommentar geben.

Referenten, die während der ganzen Tagung anwesend sind, haben selbst die Gelegenheit, fremde Workshops zu besuchen.

Ihr Ansprechpartner: ________________

2. Info für Referenten

(Nach der Zusage durch den Referenten)

Betreff: GLT Symposium ______________________________

In der Anlage erhalten Sie einen Fragebogen/Checkliste bezüglich notwendiger Seminartechnik und der von ihnen genutzten interaktiven Methodik. Des weiteren ist bei Bedarf ein persönliches Coaching möglich, damit der Workshop ganzheitlicher wird. Der interaktive GTG-Rahmen wird jedoch, auch wenn nicht in jedem Workshop die Seminarmethodik optimiert ist, die Teilnehmer weniger ermüden.

Für eine Tagungsmappe werden von jedem Referenten Basisunterlagen benötigt. Sie sollen nicht weniger als 2 Seiten, jedoch auch nicht mehr als 10 Seiten umfassen. Diese können auch Kopien von Overhead-Folien aus dem Workshop beinhalten. Keinesfalls sollte der Workshop selbst als reiner „Folien-Film“ ablaufen. Für Ideen, diesen „Film“ mit einer anderen Präsentationsform zu unterbrechen, können Sie gerne ____________ ansprechen. Diese Basisunterlagen für eine Teilnehmermappe sind bis spätestens __ an mich/N.N. zur Vervielfältigung zu schicken. Sie können uns zur Unterstützung Ihres Werbeeffektes jedoch auch ____________ Exemplare auf Ihrem Original-Briefbogen zusenden. Innerhalb dieser Basisunterlagen sollte eine Vorstellung des Referenten zumindestens auf einer halben Seite erfolgen.

Anregung: Zentrale Folien nicht 100 % vorbereiten, sondern während der Präsentation mit einem Stift ergänzen. Die Teilnehmer vollziehen das parallel mit auf ihrer Kopie in der Mappe. Dies ist eine sehr interaktive Methode. Hierzu könnten die Teilnehmer auch jeweils 3 farbige Filzstifte erhalten. Die Nutzung von Mind-Maps, ggf. auf Overhead, wird in den Workshops ebenfalls empfohlen. Bei Präsentationen sollten diese jedoch entweder live entwickelt werden (z. B. eine 2. Folie darüber legen, das ist schon abwechslungsreich) oder kaum mehr als 1-stufig sein.

Wenn Sie Folien neu erstellen, achten Sie bitte im Interesse der Teilnehmer darauf, daß die Mindestschriftgröße 24 Punkt und fett ist.

Für die Einladung zur Tagung benötigen wir von Ihnen noch:

Genauen Titel Ihrer Workshops/Referats

Eine Kurzbeschreibung in maximal _____ Zeilen, mit Angabe der Zielgruppe, der ggf. nötigen Vorkenntnisse, Ihrer Vortragsart (Referat, Workshop mit Beteiligung etc.)

Ihrer Kurzbiographie in maximal _____ Zeilen

Bitte nicht vergessen:

Es ist sinnvoll, daß alle Referenten bei der (kurzen) Eröffnungsveranstaltung anwesend sind, weil dort die Referenten sich vorstellen und für den Besuch ihres Workshops werben. Jeder Workshop wird i. d. R. einmal wiederholt. Zwischendurch treffen sich die Teilnehmer in ihren Stammgruppen und tauschen die Erfahrungen und Erlebnisse, auch ihre persönliche Beurteilung aus. Dadurch kann sich beim zweiten Durchgang der „Zulauf“, aber oft auch die Reaktion der Teilnehmer während des Workshops, verändern.

Auch die Referenten können und sollen einer Stammgruppe angehören, dadurch diese Berichtsphasen selbst erleben und einen Überblick über das gesamte Symposium bekommen. Bei den Berichten über ihren eigenen Workshop sollen sie – in Abstimmung mit der Gruppe – entweder den Raum verlassen oder nur zuhören und das Feedback für das eigene Lernen nutzen, ohne Kommentare abzugeben.

Referenten, die während der gesamten Veranstaltung bleiben, haben die Gelegenheit, fremde Workshops zu besuchen.

Rückmeldung Referenten/u. a. Technik

Bitte bis ________ per Fax an ______________ oder im Fensterumschlag an

GLT Gesellschaft für lebendige Tagungen

Innovationsweg 100

99999 Gruppenstadt

Referentenrückmeldung für GLT-Symposium am ___________

Ich komme im Hotel an am ___________ um ca. _____ Uhr.

Ich reise ab am ___________ um ca. _____ Uhr.

Ich benötige also als Übernachtung ein Einzelzimmer/DZ

Den Text für Ihre Einladung (Kurzbeschreibung, Kurzbiographie) finden Sie anbei.

Als Unterlagen für die Teilnehmermappe übersende ich voraussichtlich am ___________ ___ Blatt zum Kopieren/bereits in ___ Exemplaren auf meinem Briefbogen kopiert.

Für meinen Workshop benötige ich als technische Ausstattung über FlipChart und Pinwände hinaus:

- O Overhead-Projektor
- O Datenbeamer für Software ___________
- O TV-Video-Anlage
- O CD-Player
- O Rednerpult
- O Zeigestock, Lichtstab

____

Folgende Elemente ganzheitlichen Lernens und Lehrens setze ich ein:

- O Ausreichend Zeit für Diskussion und Rückfragen
- O Kartenabfrage (Moderationstechnik)
- O Punktabfragen (Moderationstechnik)
- O Musik
- O Entspannung
- O Fantasiereise/n bzw. mentale Phasen für Inhalte
- O Bewegung als eigene Übung, oder im Ablauf
- O Poster an den Wänden
- O Mind-Mapping

○ Kurzspiele der Teilnehmer, Rollenspiele

○ Partnerarbeit/Gruppenarbeit der Teilnehmer

○ Einzelarbeit der Teilnehmer

○ Mitschreiben der Teilnehmer auf vorbereitete Blätter in der Tagungsmappe (die Sie dann dafür erhalten) – bitte stellen Sie folgendes Schreibmaterial für die Teilnehmer bereit ____________________

○ Folien mit Karikaturen/Sprichworten, sodaß Stimmung entsteht

○ Präsentationsgegenstände als „Anker"

○ weitere Handouts

○ mentale Integration am Schluß

____

Adresse/Stempel   Datum/Unterschrift

3. Info für Referenten (Kurzvorstellung)

(Letzte Info vor der Veranstaltung)

Betreff: GLT Symposium ______________________________ am ______________

Es ist vorgesehen, daß alle Referenten zum Begrüßungsplenum anwesend sind. Am besten nehmen Sie ziemlich vorne Platz. Erst findet ein kleiner Sketch statt, der die Teilnehmer „aufmerken" läßt und auch den ganzen Programm- und Organisationsablauf enthält. Sie werden dabei aufgerufen.

Dann stellen Sie sich mit Namen und Institut/Firma vor und sagen in wenigen Sätzen (das ganze darf auf keinen Fall länger als 1 Minute dauern), was Ihr Workshop-Schwerpunkt ist („Wenn Sie in meinen Workshop kommen, dann erleben Sie ____________"). Solche werbenden Sätze wirken sehr persönlich. Sie wissen, die GLT führt keine steifen und sterilen Tagungen durch. Hierzu führen Sie auch gleichzeitig eine passende Geste oder Bewegung vor, damit man Sie damit schnell „ankern" kann, ein Minigag. Zeigen Sie dadurch Ihre Kreativität!

Gleichzeitig mit dieser Referentenvorstellung soll auf einer Pinwand eine große Blume als Übersicht entstehen. Hierzu bitte ich Sie, ein längliches „Blütenblatt" in beliebiger Farbe mitzubringen: mit einer Beschriftung (Filzschreiber, Buchstabengröße min. 8 cm), die zum Workshop paßt, im Format maximal 70 cm x 25 cm, mit zumindest einer Spitze, am besten aus Posterkarton. Sie heften diese selbst bei Ihrer Kurzvorstellung auf die Pinwand.

Im Notfall können Sie diese natürlich noch vor Ort anfertigen. Material dafür wird vorhanden sein.

Am Ende der Veranstaltung werden die Teilnehmer Feedbackbögen ausfüllen, die auch auf die einzelnen Referate und Workshops Bezug nehmen. Selbstverständlich erhalten Sie eine Kopie der Auswertung.

1.6 Generalorganisation für Helfer

Mitteilung an alle Helfer der Veranstaltung ____________________

Hypothese: ____________________ Teilnehmer, Dauer: 2 Tage

Zielsetzung der Veranstaltung ____________________

Vorbereitung:

Wer am Einchecken der Teilnehmer mitwirkt, wurde bereits festgelegt.

Jedem Stammgruppen-Moderator ist ein Gruppenraum zugeteilt. Er muß laufend dafür sorgen, daß alles Benötigte vorhanden ist.

Dieser Moderator betreut auch die Workshopreferenten, die darin präsentieren.

Mittags hält ____________ Kontakt mit der Küche, damit das Essen pünktlich serviert wird (ggf.: Auf den Tischen muß die Gruppenmarkierung stehen).

Für den Ablauf der Stammgruppensitzungen hat jeder Moderator eine Checkliste. Die Themen der jeweiligen Treffen sind auf ein FlipChart für alle sichtbar zu schreiben.

Soweit nach dem Essen noch Veranstaltungen stattfinden, sind die Räume am Schluß wieder für den nächsten Morgen herzurichten.

Um ca. 22.30 Uhr treffen sich alle Helfer zu einer Besprechung. Dies ist wichtig, weil ggf. Änderungen für den 2. Tag beschlossen werden.

Am Ende des Symposiums erst aufräumen, z. B. FlipChart, ggf. Stimmungsbarometer. Danach findet die Helfersitzung statt. Vorher natürlich mit einem obligaten Umtrunk auf das Gelingen der Veranstaltung.

Anlage: Liste der Verantwortlichen für Stammgruppen und Workshops/Referenten.

1.7 Hotel, Tagungsstätte

Anforderungen an Tagungsstätte für GTP-Prinzip:

Plenarsaal für ________ Personen

________ Gruppenräume, zugleich Workshop-Räume für folgende Größen

__________; __________; __________

Die Gruppenräume sollen möglichst an den Plenarsaal angrenzen.

Möglichst davor im gemeinsamen Foyer die Kaffeepausen.

Voraussichtlich benötigte technische Ausrüstung

○ Plenarsaal ○ Gruppenräume

○ Overheadprojektor

○ CD-Anlage, ggf. mit Fernsteuerung

○ Mikrofon (zum Umhängen für Referenten), einige kabellose Mikrofone für Plenardiskussionen

○ ggf. Videoanlage

○ ggf. TV Monitor

○ ggf. Datenbeamer

Information des Hotels über den Ablauf

	1. Tag	2. Tag
Startzeit		
Pausenzeiten		
Mittagessen		
Abendessen		

Gewünschte Essenszusammensetzung (Vegetarisch, Schonkost)

Organisationsform, z. B. Lunchbuffet

Klärung der Organisation von Essensmarken und Wahlmöglichkeiten der Teilnehmer.

1.8 Begrüßungstext in der Mappe

(Möglichst mit persönlicher Anrede)

Sehr geehrte/r Herr/Frau ____________________

Herzlich willkommen zum ____________________ und herzlichen Dank, daß Sie die Reise hierher gemacht haben. Wir vom Veranstaltungsteam sind sicher, daß sich diese Reise für Sie lohnen wird und wir wünschen Ihnen bereichernde Tage hier.

Dieses Symposium hat das Ziel, ____

Deshalb hat die GLT die intensivste Form für ein solches Symposium gewählt, die möglich ist: den laufenden Wechsel der Teilnehmer zwischen Großgruppe und einer Dauer-Kleingruppe. Da Sie sich besser ausdrücken und mitmachen können, wenn die Teilnehmerzahl unter 20 Personen liegt, führt dies zu einer Steigerung des Tagungs-Erlebnisses für Sie. Das System ist für Kongresse in jeglicher Größenordnung möglich. Ihr Feedback wird für uns interessant sein.

In dieser sog. Stammgruppe erfolgt eine Moderation und intensives persönliches Kennenlernen und Austausch über die Erlebnisse. Sie können selbst nur ____________ von den ____________ Workshops besuchen und werden über die anderen Workshops eben in der Stammgruppe informiert. Da viele Workshops zumindestens zweimal abgehalten werden, können Sie sich in Ihren Entscheidungen an diesen Berichten orientieren.

Folgende weitere Informationen sind für Sie wichtig:

Deadline für die Räumung der Hotelzimmer:

Speise- und Imbißmöglichkeiten nahe des Hotels, wenn Sie mal rausgehen wollen:

Bitte schalten Sie Ihr Handy während der Veranstaltungen aus. Möglichkeiten zum Telefonieren in den Pausen finden Sie.

Wir haben in dieser ganzheitlichen Veranstaltung auch mehr Bewegung integriert, als Sie das von anderen Tagungen vielleicht gewohnt sind. Wenn Ihr persönlicher Bedarf noch höher ist, so schauen Sie doch das Blatt „Tips für Tagungsteilnehmer" in dieser Mappe an. Sie können sich damit auch im Sitzen während der Veranstaltung Bewegung verschaffen. Zur Erinnerung an diese Veranstaltung heute und zu Ihrem persönlichen Nutzen empfehlen wir, dieses Blatt in Ihr persönliches Zeitplanbuch zu integrieren.

Einen angenehmen Aufenthalt wünscht

Das GLT-Veranstaltungsteam

(Namen nennen, wenn nicht im Einladungsprospekt)

PS: Ein Feedbackformular finden Sie am Schluß dieser Mappe. Wir haben auch spezielle Notizblätter für Ihr persönliches Tagungsresümee darin integriert, auf die wir hier Ihre Aufmerksamkeit lenken wollen.

1.9 Stimmungsbarometer

Es gibt zwei Varianten:

- ein Säulendiagramm
- zwei Säulendiagramme untereinander.

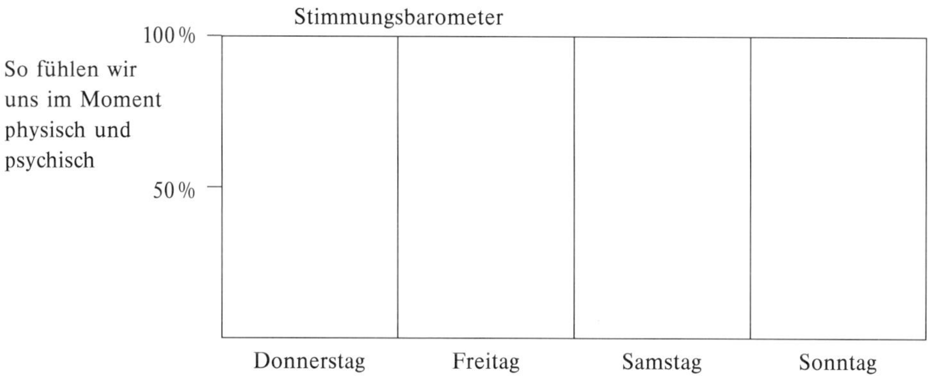

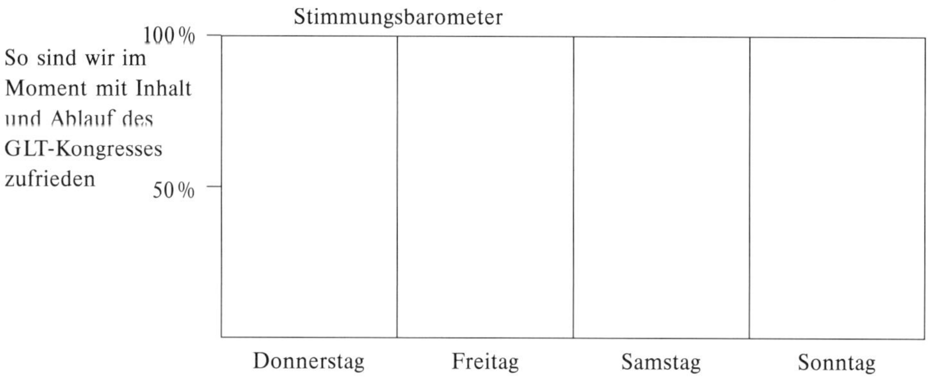

In die vorgegebenen Säulen bzw. Spalten ist von der Tagungsleitung oben Datum und Uhrzeit einzutragen.

Oberes Diagramm: subjektive Situation

- Wie fühle ich mich im Moment physisch und psychisch?

In Ergänzung das untere Diagramm: objektives Interesse am Inhalt

- Wie bin ich im Moment mit dem Inhalt und Ablauf des Symposiums zufrieden?

1.10 Feedback-Formular

GLT will Lernen lehren, aber auch selbst lernen. Mit Ihren Antworten helfen Sie uns dabei. Bitte beachten Sie auch die ganzheitlichen Aspekte, auf die GLT besonderen Wert legt. (Einbezug aller Sinne, Wechsel zwischen intellektuellen und emotionalen Erfahrungen, Austausch mit anderen Teilnehmern, persönliche Lernerfahrungen).

Ihr Berufs-Status (Beispiele)

○ Unternehmer, Führungskraft ○ Trainer freiberuflich oder in Unternehmen

○ Lehrer, Hochschuldozent ○ ______________________

Bisherige letzte Teilnahme an GLT-Veranstaltungen

Kongreß (Datum/Ort) ______________

Regionalveranstaltung (Datum/Ort) ______________

Ihre Beurteilung einzelner Teile der Veranstaltung (bitte ankreuzen)

Veranstaltungsteil	sehr gut	gut	mittel	mäßig	schlecht (mögl. mit Kurzbegründung)
Eröffnung, Begrüßung					
Stammgruppe ______					
Stammgruppe ______					
Stammgruppe ______					
Workshop ______					
Workshop ______					
Workshop ______					
Workshop ______					
Hotel-Räume					
Hotel-Service					
Hotel-Essen					
Mitglieder-versammlung					
Abschluß-veranstaltung					
Ansprache der Sinne über Worte (Hören) hinaus (Sehen, Riechen etc.)					
Wechsel von Aktivität/Passivität					
Raum für eigenes Sprechen/Akt.					

ERGEBNIS für mich: Ich fahre nach Hause

○ voller Ideen, Tatkraft ○ mit vielen Ideen ○ mit einigen Ideen

○ mit wenigen Ideen ○ ohne neue Ideen

GESAMTURTEIL: meine Erwartungen wurden

○ übertroffen ○ voll erfüllt ○ weitgehend erfüllt

○ kaum/teilw. erfüllt ○ nicht erf./enttäuscht

Weitere Anregungen (ggf. Rückseite benutzen)

Bitte dieses Blatt am Veranstaltungsende in den markierten Kasten legen. Falls Sie dieses vergessen haben, so senden Sie es per Post an ________________ oder per Fax an die Nummer ____________

1.11 Formulare für VPG

Die Formulare werden jeweils in anderer Farbe kopiert. Gemäß der Anlaufplanung müssen Sie die richtige Anzahl bereithalten. Das Startformular wird für alle Mitwirkenden benötigt. Die Formulare sollen auch schon die Eintragungen der Stufe bekommen. Es erfolgt das Auslegen auf den bereitgestellten Stühlen.

Startformular - Einzelarbeit

Ihre Mitwirkung an einer synergetischen Entscheidung - zum Wohle aller.

Mit dieser Methode möchten wir jedem Teilnehmer die Möglichkeit zur intensiven Mitwirkung geben. Machen Sie sich zunächst Gedanken, um die Ideen, Themen, Maßnahmen etc., die Sie im Sinne der Fragestellung vorschlagen. Nachfolgend ist Platz für Ihr persönliches Brainstorming:

Nach 5 Minuten - Sie hören hierzu ein Zeitsignal - suchen Sie in dieser ungeordneten Ideenliste die 3 wichtigsten heraus und schreiben daneben eine kurze Begründung in Stichworten auf. Bedenken Sie, daß es nicht darum geht als Ergebnis dieser Aktion eine möglichst lange Ideenliste zu erhalten, sondern eine Ausfilterung der strategisch wichtigsten und interessantesten Dinge, die das Unternehmen so schnell wie möglich weiterbringen. Überlegungen wie Kosten, Zeitaufwand, Schwierigkeiten spielen alle dabei eine Rolle. Die Gewichtung nehmen Sie ganz persönlich vor.

Argumente dafür

1)

2)

3)

Sie erhalten nach 5 Minuten wieder ein Zeitsignal und beginnen dann mit Ihrem Nachbarn nach der getroffenen Festlegung ein Zweiergespräch.

Folgeformular - Ergebnis des Zweiergesprächs

Ihre Mitwirkung an einer synergetischen Entscheidung - zum Wohle aller.

Jeder Mitwirkende findet eine Reihe weiter auf dem Stuhl ein immer andersfarbiges Blatt, welches auch die Nummer der Runde enthält. Die Vorgehensweise:

Sie bringen von der vorherigen Runde ein andersfarbiges Blatt mit Vorschlägen und Argumenten mit.

Sie sprechen nun mit dem Partner darüber und tauschen sich über das aus, was Sie mitbringen. Aus verschiedenen Ideen kann auch eine neue, zündende Idee oder Kombination entstehen.

Gleichzeitig mit dem Gespräch füllen Sie zusammen dieses leere, vorgefundene Formular aus. Sie bringen aus der Startrunde 3 Vorschläge mit und einigen sich für eine Weiterführung auf nicht mehr als 5 Vorschläge. In die entsprechenden Spalten tragen Sie die Für- und Gegenargumente ein, auch dieser sollen Sie sich bewußt bleiben. Ein Zeitsignal sagt Ihnen, wann sie das Gespräch schließen.

In der 2. Runde sollen es nochmals 5 Punkte sein, die weitergeführt werden, in der 3. Runde Reduktion auf 4 Punkte, ab 4. Runde Reduktion auf 3 Punkte. Die Zeit pro Runde wird jeweils etwas verkürzt, achten Sie auf das Zeitsignal.

Sie haben gemeinsam dieses Blatt ausgefüllt. Einer muß die Diskussion in der nächsten Runde weiterführen, falls Sie darüber keine Einigung erzielen, so Münzwurf. Ein Zeitsignal gibt Ihnen an, wann dieser die nächste Runde weiterrückt. Falls es in der folgenden Runde zu einer ungeraden Zahl Teilnehmer kommt, gilt folgendes Verfahren: das Paar ganz links rückt gemeinsam weiter, derjenige der ausgeschieden wäre, setzt sich in der nächsten Stuhlreihe ganz nach rechts und scheidet mit dieser nächsten Runde aus. (Nun die Regelung einsetzen, wie es für den Ausscheidenden weitergeht ...)

Ergebnis des Zweiergesprächs:

	Argumente dafür	Argumente dagegen
1)		
2)		
3)		
(ab 4. Runde maximal 3 Punkte weiterführen)		
4)		
(nur für die 3. Runde)		
5)		
(nur für die ersten beiden Runden)		

2 Beispiele und Tips

2.1 Beispiel eines detaillierten Zeitplans GTG

GABAL FRÜHJAHRSSYMPOSIUM DETAILLIERTER ZEITPLAN

Freitag, 24. 4. 1998

09.27	Begrüßung Dr. Müller			
10.00	– Pause, Raumwechsel –			
10.15	Stammgruppe Löwen W. Neumann	Stammgruppe Bären A. Möller	Stammgruppe Elefanten H. Eichler	Stammgruppe Katzen H. Winter
11.00	– Pause, Raumwechsel –			
11.15	Workshop 1 Projektman. Boy-Lehmann	Workshop 4 Unt.vision S. Rude	Workshop 5 KQM-Telekom J. Kösler	Workshop 6 ISO-9000 G. Beatzel
13.15	– Mittagessen im Restaurant „Schweizer Stuben“ –			
14.30	Stammgruppe Löwen W. Neumann	Stammgruppe Bären A. Möller	Stammgruppe Elefanten H. Eichler	Stammgruppe Katzen H. Winter
15.00	– Pause, Raumwechsel –			
15.15	Workshop 1 Projektman. Boy-Lehmann	Workshop 4 Unt.vision S. Rude	Workshop 5 KQM-Telekom J. Kösler	Workshop 3 b N.N.
17.15	– Pause, Raumwechsel –			
17.30	Stammgruppe Löwen W. Neumann	Stammgruppe Bären A. Möller	Stammgruppe Elefanten H. Eichler	Stammgruppe Katzen H. Winter
19.00	– Abendessen im Restaurant „Schweizer Stuben“ –			
20.30	Workshop 8 Qual. Wahrnehmung Dr. Müller			

Samstag, 25. 4. 1998

09.00	Plenum: Centering, neue Workshopleiter (Dr. Müller)			
09.20	Pause, Raumwechsel -			
09.30	Workshop 2 Teamqualität Prof. Wagner	Workshop 3 Qual.Trainings R. Ackermann	Workshop 6 ISO-9000 G. Beatzel	
11.30	- Pause, Raumwechsel -			
11.45	Stammgruppe Löwen W. Neumann	Stammgruppe Bären A. Möller	Stammgruppe Elefanten H. Eichler	Stammgruppe Katzen H. Winter
12.45	- Mittagessen im Restaurant „Schweizer Stuben" -			
13.45	Plenum: Vernissage der Stammgruppen			
14.15	Vortrag 7: Qualität als Grundhaltung (Dr. Simon)			
15.30	Plenum Schlußworte (Dr. Müller, Prof. Wagner)			
16.00	Farewell			

2.2 Beispiel: Einladung Open Space/GTG

Z e i t p l a n

1. Tag		2. Tag	
10.00	Begrüßung, Organisation, Vorstellung der Referenten, Priorisierung der Themen	09.00	3. Stammgruppentreffen
11.00	Pause	09.45	Plenarveranstaltung
11.15	1. Stammgruppentreffen	10.45	Pause
12.00	ca. 3 parallele Workshops, 1. Runde	11.15	parallele Workshops, 3. oder 4. Runde
13.30	Imbiß	12.30	Mittagessen, Imbiß, Gespräche
14.00	Plenarveranstaltung	14.00	parallele Workshops, 4. oder 5. Runde, alternativ Plenarveranstaltung
15.00	Pause	15.00	Pause, Übergang
15.30	ca. 3 parallele Workshops, 2. Runde	15.30	4. Stammgruppentreffen
17.00	Pause	16.00	Pause, Übergang
17.30	2. Stammgruppentreffen	16.30	Plenum, Abschluß
18.30	Pause für Abendessen	17.00	Farewell
20.00	parallele Workshops oder Plenarveranstaltung		
21.30	Ende des ersten Tages der Tagung, Zeit für persönliche Gespräche, ggf. einige Kreistänze		

Veranstalter

KF Filiale DGSL Bayern und Österreich.
In Kooperation mit XX, XY

Kontaktadressen: NN1, NN2

R e f e r e n t e n

Die Organisation ist grundsätzlich so aufgebaut, daß jeder interessierte Teilnehmer einen Workshop von ca. 1 Stunde Dauer abhalten kann. Feedback von allen Teilnehmern mit einem allgemeinen Fragebogen kann nach jedem Workshop eingeholt werden, wodurch sich eine Supervisionsmöglichkeit ergibt.

Bei der kreativen „1-Minuten"-Vorstellung zu Beginn im Plenum bringt jeder ein FlipChart mit, welches er zu seiner Präsentation verwendet. Gleichzeitig werden die vorgeschlagenen Themen auf eine Moderationskarte geschrieben und in Themenspalten aufgehängt. Nach den Präsentationen erhält jeder Teilnehmer ca. 5 Klebepunkte und markiert damit die für ihn interessantesten Themen (Priorisierung). Die 2–3 Themen mit der größten Punktzahl werden im Plenum vorgestellt, die nächsten ca. 10 Themen von Interesse in den parallelen Workshops, wobei sich die Parallelität aus den Themenspalten ergibt, z. B. Training in der Wirtschaft, in der Schule, Methodik – um die 3 Hauptbereiche zu nennen.

O r g a n i s a t i o n

Bei 50 Teilnehmern werden vielleicht die Hälfte präsentieren wollen, mit obigem System kommt davon wiederum die Hälfte zum Zuge. Es erfolgt deshalb keine Ausschreibung der Themen vorab.

Aus dem Umkreis des Veranstaltungskomitees können jedoch schon folgende Workshop-Themen und Referenten genannt werden:

○ Edu-Kinesiologie (C. Feichtenberger)

○ Sugg. Elemente in Management-Klausuren (Dr. R. Müller)

○ DISG-Persönlichkeitsprofil (Prof.Wagner)

○ Sprachenlernen today in der Praxis (N.N)

○ Musik (Hartmut Wagner

○ Schottische Gruppentänze (S. Kowanda)

In den Stammgruppen erfolgt ein vertieftes Kennenlernen der Teilnehmer und ein Austausch über die besuchten Workshops. So hat jeder Gelegenheit, seine Erlebnisse zu reflektieren und zu berichten, was die Verarbeitung und den eigenen Transfer fördert.

Termin und Ort

2.3 Beispiel: Eröffnungssketch

Handlung: Zwei Personen (P1 und P2) stellen die Referenten und die Themen vor. Mitten in den anfänglichen Begrüßungsworten platzt eine alte Frau (AF) mit Perücke und Stock humpelnd herein. Es entwickelt sich ein Gespräch über den Ablauf der Tagung. Die AF bleibt und geht nicht wieder hinaus. Jeder Referent heftet auf einer Pinwand in Form eines Blütenblattes sein Stichwort zum Symposiums-Thema an.

P1: Meine sehr verehrten Damen und Herren, ich darf Sie ganz herzlich zum Symposium der GLT in Kooperation mit____________ begrüßen. Ich bin der Verantwortliche für den Symposiumsablauf. Was nicht klappt, melden Sie bitte bei mir. Wenn mal etwas klappt, so bedanken Sie sich bitte beim Referenten.

P2: Mein Name ist ____________. Ich vertrete hier als Kooperationspartner ____________ Wir stehen für ____________

P1: GLT (Namen der Organisation, ggf. das Motto) bedeutet ... Unser Anliegen ist es, ...

(Es klopft und AF kommt humpelnd herein. Stellt ganz langsam gesprochen die Frage:)

AF: Ist hier der Kongreß der G roßen und L ustigen T eufel?

P1: Nein, hier ist das Symposium der GLT. Aber, was Sie suchen heißt auch GLT mit den Anfangsbuchstaben, da haben Sie uns wohl verwechselt?

AF: Oh, dann bin ich hier wohl falsch! (Steht auf und geht einige Schritte zur Tür, bleibt stehen.)

P2: Was hatten Sie denn hier erwartet? Hier findet ein Symposium statt.

AF: Worum geht es denn bei Ihrem S y m p o s i u m , komisches Wort?

P1: Unser Motto ist „.........“. Was da gemeint ist, sehen Sie auf dieser Folie .

AF: Ach mit dem Thema ......, da meinen Sie wohl, ... (lustiger Gag: z. B. Qualität: daß mein Kopftuch sich nicht auflöst und mein Stock nicht bricht.)

P1: (Beispiel: Genau das ist Produktqualität. Aber es gibt auch die Qualität von Dienstleistungen und Prozessen.)

AF: Meinen Sie damit auch die Qualität eines Symposiums?

P2: Dies ist keine übliche langweilige Tagung. Wir teilen uns hier zwei Tage in kleine Gruppen mit persönlichem Kennenlernen und Diskussion auf. Und bei aller Information werden soviel Sinne mit Musik, Entspannung und Bewegung angesprochen, daß es einfach ein Erlebnis ist. Hören Sie, was wir zu bieten haben!

(AF bleibt weiter an der Tür stehen, macht zwischendurch nickende Bewegungen)

AF: Und die Referenten für Ihre Tagung, wo sind diese? Können diese sich auch für eine alte Frau mit schlechten Augen verständlich ausdrücken?

P1: Vielleicht sollten wir mal die Referenten und die Themen vorstellen, damit wir beginnen können?

P2: In der Reihenfolge des Programms möchte ich zuerst Herrn Ref 1 vorstellen. Herr Ref 1 was erwartet die Teilnehmer in Ihren beiden Workshops?

Ref 1 ...

P2: Und wie lautet Ihr spezielles Stichwort für den Workshop? Wir wollen alle Themen hier visualisieren.

Ref 1 ...

(und heftet sein Blütenblatt auf einer Pinwand an)

-- so geht es mit der Vorstellung der Referenten weiter --

-- immer mit einer Frage durch P1 bzw. P2 --------

P2: Die ... Referenten werden ihren Workshop zweimal abhalten, ... Workshops laufen jeweils parallel, Sie können insgesamt an ... Workshops teilnehmen. Ausnahme ist ....

P2: Sie haben darüber hinaus die Gelegenheit, heute abend nach dem Essen fakultativ an einem Teil des Rahmenprogramms mitzumachen, wenn Sie nicht nur essen und mit dem Tischnachbarn reden wollen.

P1: Ich möchte hierüber nur wenig verraten. Es handelt sich um .....

AF: Das ist toll, da werde ich auch kommen.

P2: Und hatten wir nicht noch die Gelegenheit zum „meet the mentor“ für den Abend angekündigt? Wie soll das vor sich gehen?

P1: Wir werden die Referenten des Tages beim Abendessen jeweils mit Schild an verschiedenen Tischen plazieren. So ist dann nochmals Gelegenheit, ein spezielles Thema zu vertiefen. Wenn Sie daran interessiert sind, so setzen Sie sich bitte ganz nahe an dieses Namensschild.

P2: Herr P1, damit ist nun unsere Blüte fast komplett. Ihr fehlt jetzt nur noch der Stiel, der Stamm. Hatten Sie nicht sogenannte Stammgruppen geplant?

P1: Die Stammgruppen haben die wichtige Funktion der Integration der Teilnehmer, des besseren Kennenlernens untereinander. In Ihnen wird auch systematisch ein Austausch über die Erfahrungen in den Workshops erfolgen. Jeder erfährt also etwas von den Workshops, an denen er nicht teilnehmen konnte. Es erfolgen des weiteren auch Erarbeitungen aller Teilnehmer zum Symposiums-Thema.

P2: Können Sie denn noch Ihr Stichwort für die Stammgruppen beisteuern?

(anheften durch P1)

P1: Damit ist nun unsere Symposiums-Blume komplett und wir können beginnen. Ja, es klingt alles sehr vielversprechend, dann wünsche ich uns, daß das Symposium „____________“ für uns alle zu einem positiven Erlebnis wird.

P2: Hier sehen Sie noch ein Element dazu

(präsentiert eine Folie Spaß/Sprichwort)

AF: Das ist ja ein tolles Symposium, ich werde hierbleiben und die Gruppe lustiger Teufel sausen lassen. Dieses Symposium wird mich geradezu verjüngen!

(Legt Stock und Perücke ab, setzt sich.)

P2: Haben Sie sonst noch Hinweise für den organisatorischen Ablauf, Herr P1?

P1: Ja. Sie finden in Ihrer Mappe das Blatt mit der Raum- und Zeiteinteilung ... bitte suchen Sie es mal. Das ist das zentrale Steuerungsblatt. Die Namen der Stammgruppen wissen Sie ja schon (ggf. parallel dazu nun auf Overhead auflegen).

Ganz wichtig ist die Einhaltung des Zeitplans beim Wechsel zwischen Stammgruppen und Workshops, damit hier keine Warteschlangen entstehen. Das ist das einzige, worum ich Sie ernsthaft bitte, wenn es auch sonst hier streßfrei zugehen soll.

Für das leibliche Wohl dürfte auch ausreichend gesorgt sein. Ihre Coupons für das Essen und die Kaffeepausen dürften Sie wohl inzwischen alle haben.

Aber genug geredet. Wir wollen hier ja multisensorisch vorgehen. Vielleicht haben Sie nach dem so erfolgten Ansprechen von Geruch- und Geschmackssinn nun Bedürfnis nach einer kleinen Energieaufbauübung und Gehirnstimulierung. Wir können im Sitzen anfangen ...

(Mini-Energie-Aufbauübung z. B. Händereiben, 7 Stufen)

Vielen Dank, das war ein vielversprechender Start.

P2: Hat jemand noch eine Frage zur Organisation?

.....

Dann wünsche ich Ihnen im Namen von GLT und ____________ einen guten Start. Gehen Sie nun bitte in den Raum Ihrer Stammgruppe. Viel Spaß! Nehmen Sie dazu Ihr Gruppenmaskottchen mit.

AF: Oh, das sind aber schöne Tiere. Kann ich meines hinterher mitnehmen?

P1: Im Prinzip kann jeder – wenn er zahlt. Bei der Abschlußveranstaltung – evtl. schon in den Stammgruppen vorher, oder heute beim Abendessen – wird eine Versteigerung stattfinden. Die Vereinskasse wartet auf Ihr Angebot.

2.4 Beispiel: Centering-Text

Der nachfolgende Text ist eine leicht veränderte Version der Centering-Übung vom SKILL-Institut[3]. Es wird empfohlen, vorher zu erklären, daß es sich um eine mentale Übung zur Steigerung der Konzentration handelt. Sie können den Text ruhig abkürzen.

„Erlauben Sie sich ... zu Beginn dieser Tagung (Thema nennen) sich die Zeit zu nehmen ... die Sie brauchen ... um in diesem Raum ... und bei sich selbst ... ganz anzukommen. Lassen Sie sich von der Musik (Titel nennen) tragen ...

Setzen Sie sich bequem hin ... und nehmen Sie wahr, wie Sie über die Füße festen Kontakt mit dem Boden haben ... wie Ihr Gewicht sicher von dem Stuhl getragen wird ... und nehmen Sie die Stelle Ihres Rückens wahr, an der die Rückenlehne Ihren Rücken sicher abstützt ...

Richten Sie ihre Aufmerksamkeit langsam nach innen.. und lassen Sie sich innerlich ruhig werden ... und von der Musik weiter entspannen ... Und Sie können dabei Ihre Augen langsam schließen...und so in das richtige Gleichgewicht zwischen Entspannung und Wachheit hineingleiten ... oder entspannt einen Punkt in diesem Raum wahrnehmen (ca. 20 Sek. Pause) ...

Lassen Sie Ihren Blick noch einmal innerlich zurückschweifen ... wie Sie heute oder gestern hierher gereist sind ... lassen Sie all die Bilder ... Geräusche und Stimmen ... Stimmungen ... und Gedanken ... in Ruhe Revue passieren ... um sie dann beim nächsten Ausatmen wieder loszulassen ...

Atmen Sie dann wieder tief ein ... und erlauben Sie sich ... immer mehr bei sich selbst anzukommen ... ganz wach ... ganz in sich ruhend ... ganz in Ihrer Mitte ...

(längere Pause)

Ganz langsam ... in Ihrem Tempo ... richten Sie jetzt wieder Ihre Aufmerksamkeit nach außen ... kommen Sie zurück in diesen Raum ... (Stimme wird lauter) ... nehmen Sie ein paar tiefe Atemzüge ... lassen Bewegung in Ihre Fußzehen und Finger kommen ... lassen die Bewegung größer werden ... bewegen jetzt die Beine und Arme ... recken und strecken Sie sich ... öffnen Sie nun die Augen, wenn sie geschlossen waren ... nehmen Sie diesen Tagungsraum ... und die anderen Teilnehmer ... mit neuen Augen wahr ... und lassen Sie sich überraschen, welche neue Entdeckungen ... Sie in dieser Tagung machen werden ... gemeinsam mit den anderen Teilnehmern ... und neugierig auf das Thema dieser Tagung (Inhalt der Tagung nennen).

---

[3] Wagner, Hartmut, Viola, S. 36. Auf der zugehörigen CD finden Sie dieses Centering von Hartmut Wagner gesprochen vor.

2.5 Beispiele für kreative 1-Minuten-Präsentationen

Allgemeine Hinweise:

○ Maximal eine Folie

○ Am besten mit zentralem Symbolgegenstand, dazu ggf. Bewegungsanker setzen, also eine repräsentative Bewegung zeigen als Gag

○ Ggf. sogar Kurzdialog auf zwei Plätzen: One-Man-Show: eine Person wechselt die Rollen und stellt mehrere Personen dar. Requisiten (z. B. Hut, Schal, Mantel, usw.) können einer bestimmten Rolle zugeordnet sein und werden dann immer wieder an- und abgelegt.

Einführung in die Kinesiologie

Handelnde Personen: Claudia, die Referentin
Elisabeth (Requisit: Sonnenbrille)

Claudia geht flotten Schrittes in die Mitte der Bühne, bleibt dann abrupt stehen und wendet sich nach links einer imaginären Person zu.

Claudia: Hallo Elisabeth, grüß Dich!

Claudia umarmt die imaginäre Person und küßt sie dabei links und rechts auf die Wange.

Claudia: Schön Dich zu sehen! Wir haben uns eine Ewigkeit nicht gesehen! Weißt du, aber ich habe jetzt gar keine Zeit. Ich bin auf dem Weg zu einem Seminar und bin schon ein bißchen spät dran!

Claudia wechselt die Position und geht in die Rolle von Elisabeth und setzt dabei die Sonnenbrille auf.

Elisabeth: Ah, deswegen wirkst du etwas abgehetzt! Ich habe schon gedacht, du rennst an mir vorbei! Was hast du denn vor?

Positionswechsel zu Claudia, Sonnenbrille ab

Claudia: Endlich nehme ich an dem Seminar teil, an dem ich schon lange teilnehmen wollte. Es heißt Brain-Gym und es geht um Bewegungsübungen, die sich positiv aufs Lernen auswirken sollen. Du weißt ja, mich interessiert alles, was das Lernen erleichtert! Ein bißchen skeptisch bin ich schon, aber ich höre immer wieder, daß es wirklich wirkt. Unkonzentrierte Schüler und Studenten sind plötzlich viel länger bei der Sache; Kinder sind schneller mit ihren Hausaufgaben fertig ...

Positionswechsel zu Elisabeth, Sonnenbrille auf.

Elisabeth: und machen weniger Fehler! Du, mir fällt ein, daß ich davon auch schon gehört habe! Werden da nicht auch solche Überkreuzbewegungen gemacht?

Elisabeth macht Überkreuzbewegungen vor.

Positionswechsel zu Claudia, Sonnenbrille ab.

Claudia: Hm, das kann schon sein. Weißt Du was? Hast Du jetzt Zeit? Komm doch einfach mit! Ich muß auf jeden Fall weiter, sonst ...

Claudia macht eine Abschiedsgeste und saust davon, kommt zurück, setzt Sonnenbrille auf.

Elisabeth mit Sonnenbrille in der Hand zum Publikum:

Ich bin dabei. Kommen sie auch mit?

Die Kurzpräsentation ist sehr dynamisch und einprägsam. Die Minute wird eingehalten.

Zwischentöne

Ohne Requisiten. Referent kommt auf die Bühne, bittet das Publikum, aufzustehen und ihm die Bewegungen nachzumachen, summt leise dazu eine Melodie:

- Mit den Füßen gehen (Bruder Jakob, Bruder Jakob ...)
- Auf die Oberschenkel klatschen (Schläfst Du noch? Schläfst Du noch?)
- In die Hände klatschen (Hörst Du nicht die Glocken? Hörst Du nicht die Glocken?)
- Schnipsen mit den Fingern (Ding, dang, dong! Ding, dang, dong!)

Kommen Sie doch zum Workshop „Zwischentöne“, da werden Sie verstehen ...

Diese Kurzpräsentation ist in ihrer Einfachheit überzeugend.

Finanzierung und Bilanz

Requisiten: Bankerkleidung, Aktenmappe, Große Geldkasse, darin gefaltetes und beidseitig beschriftetes FlipChart-Blatt (70 x 100 cm) und einige Münzen.

Referent kommt auf die Bühne, hebt Geldkasse hoch und öffnet sie, Inhalt fällt heraus.

„Die Kasse ist leer. Da hätte ich mich doch mehr um Aktiva und Passiva kümmern müssen. Nur noch Schulden. Und keine Einnahmen. Aber was ist das?“

Hebt gefaltetes Blatt auf, entfaltet es. Liest auf einer Seite vor (die von Overhead-Projektor ggf. angestrahlt wird)

„G ist nicht alles aber ohne G ist alles nichts.

Was soll denn das bedeuten? Ahaaa!“

Dreht das große Blatt um, dessen Rückseite ebenfalls einen Text trägt:

„Workshop – Finanzierung und Bilanz

Am Samstag, Raum 7, um 11.00 Uhr

Referent ist GEVINIX

Den Gallier verstehen sogar die Römer! Da gehe ich hin!“

Schaltet mit Fernbedienung flotte Musik ein, bedeutet Publikum mit Händen aufzustehen und auch zu marschieren (10 Sek.).

Diese Kurzpräsentation setzt einen klaren kinästhetischen Anker. Auch sie hält die Grenze von 60 Sekunden ein.

Und wenn den Referenten für Ihr eigenes Thema partout keine Komprimierung auf 60 Sekunden einfällt? Dann können Sie auch das Thema in eine Aussage oder in eine Frage verwandeln, „Fragezeichen" oder „Ausrufezeichen" wie Konfetti in die Menge werfen. Auch das verankert in den Zuhörern ihr Thema.

2.6 Beispiele für Lacherfolien

Der Sinn von solchen Emotional-Folien liegt darin, den Teilnehmer zu überraschen und aufmerksam zu machen. Wenn vorher alle Overhead-Folien nüchtern gestaltet waren, tritt gerade durch die Diskrepanz ein Aufwach-Effekt bei den Teilnehmern ein.

Die einfachste Möglichkeit besteht schon in ganz einfachen Grafiken, die zu einem ausgesprochenen Satz aufgelegt werden.

„Da stellen sich verschiedene Fragen"

Nun Folie mit stilisiertem Fragezeichen auflegen, oder ein stilisiertes Gesicht mit Fragezeichen in den Augen.

„Betrachten wir das Problem mal andersherum"

Hier würde auch eine Folie mit dem Kopfstandmensch aus MS-Clip-Art gut passen.

Auch eine Karikatur kann hier schon Wunder wirken. Die Tageszeitungen veröffentlichen solche zu aktuellen Themen laufend. Es gibt auch ganze Büchlein mit Serien solcher Karikaturen (z. B. Dilbert, Auszüge wöchentlich in der ZEIT)

Das Wichtigste zuerst

Das wichtigste Wort

Der JÜNGER-Verlag hat mehrere Folienserien herausgebracht, z. B. mit Sprichwörtern. Ganz neu ist eine spezielle Serie für Vorträge von Werner Kiki Küstenmacher. Jeweils 9 Folien zu den Themen:

- Ankündigungs-Folien
- Wissenswertes
- Business-Weisheiten
- Kundenorientierung
- Bewegung

Auch in den von JÜNGER für spezielle Managementthemen entwickelten Folienprogrammen finden sich passende Bilder: z. B. Zusammenarbeit über Abteilungsgrenzen hinweg (aus TQM) mit einer Giraffe.

2.7 Beispiele für Integrationsformen

Nachstehend finden Sie den Text für die geführte, die halbgeführte und die offene Version einer Integration[4].

Zum Abschluß lade ich Sie ein ... sich noch einmal kräftig zu recken ... und zu strecken ... und die Tagung mit einer Integration von allem Gehörten und Erlebten abzuschließen.

(Musik leise einspielen, dann lauter werden lassen.)

Bei diesem Ausklang ... lassen Sie sich von der Musik (Titel nennen) begleiten. Erlauben Sie sich, sich die Zeit und den Raum zu nehmen ... die Sie brauchen ... um wieder ganz bei sich selbst anzukommen ... Dazu können Sie sich bequem hinsetzen ... und Sie können Ihre Körperhaltung jederzeit ändern ... um eine noch bequemere Sitzposition zu finden ...

Nehmen Sie wahr, wie Sie über Ihre Füße festen Kontakt mit dem Boden haben ... und wie Ihr Atem ruhig ein- und ausströmt ...

Richten Sie Ihre Aufmerksamkeit nach innen ... Sie können es jetzt genießen ... in völliger Ruhe auf die Tagung zurückblicken ... und alles noch einmal ... wie eine Bildergalerie ... vor Ihrem inneren Auge vorüberziehen zu lassen ... was für Sie bedeutsam war ... alle wichtigen Inhalte, Erkenntnisse und Ereignisse noch einmal ... wie in einem inneren Kino ... auftauchen zu lassen ... Und Sie können die Filmmusik ... die Atmosphäre und Spannung ... die besonderen Effekte ... hinzufügen und genießen ...

(nachfolgenden Teil fakultativ und in dem Ablauf der Tagung angepaßter Formulierung:)

Was war für Sie bei dieser Tagung das Allerwichtigste? ...

Was war neu für Sie? ...

Welche Inhalte der Tagung waren für Sie besonders wesentliche? ...

Lassen Sie sie noch einmal in Ruhe Revue passieren ...

Wie wird sich das Wissen um diese Inhalte in Zukunft für Sie auswirken? ...

---

[4] Wagner, Hartmut, Viola. Auf der zugehörigen CD finden Sie diese Integration gesprochen vor.

Was davon möchten Sie in Ihren beruflichen Alltag mitnehmen? ...

Welche bedeutsamen persönlichen Erfahrungen haben Sie gemacht? ...

Was davon möchten Sie in Ihr persönliches Leben integrieren? ...

Was war das ganz Besondere an dieser Tagung für Sie? ...

Nehmen Sie sich jetzt noch einmal die Zeit, die Sie brauchen, um alles zu integrieren ... das Wissen ... die Erkenntnisse ... die Erfahrungen dieser ganzen Tagung ... Lassen Sie es zusammenfließen ... und sich auf der bewußten und unbewußten Ebene ... sinnvoll verknüpfen ... mit Ihrem reichen Wissen ... Ihren vielfältigen Lebens- und Berufserfahrungen ... so daß es Ihnen in Zukunft ganz natürlich zur Verfügung steht ... wenn Sie es brauchen ...

(Langsame Musik sacht ausblenden, schnellere Musik einblenden, z. B. Spur 5, 6 oder 7 der Viola CD Nr. 2)

Ganz langsam ... in Ihrem Tempo ... richten Sie jetzt wieder Ihre Aufmerksamkeit nach außen ... kommen zurück in diesen Raum (lauter sprechen) ... nehmen Sie ein paar tiefe Atemzüge ... lassen Bewegung in die Zehen und die Finger kommen ... in die Beine und die Arme ... lassen die Bewegung größer werden ... recken und strecken sich ... öffnen die Augen, wenn sie geschlossen waren ... nehmen Sie diesen Raum und die anderen Teilnehmer ... wieder wahr ... und dann sind Sie ... erfrischt und erquickt ... wieder ganz da.

Wird die mittlere Passage weggelassen und es werden keine Impulsfragen gestellt, ergibt sich die offene Form einer Integration.

Bei einer stark geführten Integration werden im mittleren Teil die meisten Abschnitte der Tagung in Erinnerung gerufen:

Erinnern Sie sich, wie Sie bei dieser Tagung angekommen sind ...

Sehen Sie noch einmal den Ablauf der Begrüßungsansprache vor sich ...

Auf Ihrer inneren Leinwand sehen Sie nun den Vortrag von Professor Wichtig ...

2.8 Beispiel Wanderrallye

Wichtige organisatorische Punkte bei einer Wanderrallye sind:

Symbole der Gruppen

Hier gibt es alle Tiersymbole im Spielfachgeschäft zu günstigen Preisen gleich mit Anhängerband (wohl für Kindergeburtstage). Die Herstellung von Firmenbuttons mit Produktabbildungen aus Prospekten ist auch sinnvoll. Die Symbole sollen zur innerlichen Integration beitragen. Dies ist bei einer Wanderrallye jedoch nicht so schwierig zu erreichen, wie bei einer GTG-Tagung.

Gruppeneinteilung

Abteilungs- und hierarchieübergreifend (diagonal): Die Führungskräfte sind teilweise auf die Wandergruppen verteilt. Der oberste Chef sollte bei einer Station mitmachen. Das erspart einer Gruppe seine Autoritätsdominanz und läßt jeden Teilnehmer in den Genuß seines Wirkens und in persönlichen Kontakt mit ihm kommen. Deshalb ist seine Station gerade unter diesen Gesichtspunkten auszuwählen.

Gestaltung einer Teilnehmermappe

Mit der Gestaltung dieser Mappe werden folgende Ziele verfolgt:

○ Klare Lauf- und Aufgabenanweisungen

○ Die Stimmung auf dem Weg erhöhen

○ Ggf. auch Lerninformationen über das Unternehmen vermitteln

○ Soll zur Erinnerung mit nach Hause genommen werden (Public-Relations)

Die Mappe kommentiert den Weg, ist aber aus sich heraus nicht verständlich, da der Startpunkt immer eine Überraschung ist. In der Regel werden mehrere Gruppen in einen Bus verfrachtet und mit unbekanntem Ziel losgefahren (auch der Treffpunkt für den Abend ist unbekannt).

In der Teilnehmermappe, die oft nur aus einigen Blättern besteht, heißt es dann z. B.:

Nun taucht links eine Anordnung bekannter Produkte auf. Auch unser meist exportiertes ist dabei.

Jetzt treffen Sie eine ganz bekannte Person (natürlich aus dem Unternehmen).

An der nächsten Kreuzung geht es links.

Auf was Sie nun treffen, hat mit unserer wichtigsten Kundenzielgruppe zu tun.

Wenn sie nach rechts blicken sehen sie einen Kirchturm. Wann wurde dieser gebaut?

Zur Formulierung dieser Mappe muß der Weg einmal abgelaufen und dabei der Text entworfen werden.

Ein geschickter Aufbau der Mappe wird dazu führen, daß jeder Teilnehmer diese mit nach Hause nimmt und Familie und Freunden zeigt (PR und Identifikationseffekt).

Ausschilderung des Weges: Diese ist natürlich wichtig. Hier auch Firmensymbole verwenden. Eindeutigkeit beachten.

Lernspiele und Stationen

Von den Lernspielen hängt vieles ab: der Spaß, die Kommunikation in der Gruppe, das Lernen. Ihre Zielsetzung ist wie folgt:

○ Physischen Kontakt mit Produkten schaffen

○ Tragen, montieren von Produkten, die Produktion besser verstehen

○ Verkaufsargumente finden

○ Kundenorientierung bewußt machen

○ Erlebnisse zu Freud und Leid schaffen in der Gruppe

○ Beobachtung der übrigen Gruppenmitglieder zulassen, auch anfeuern durch die Kollegen. Also nicht alles als Gruppenaktion.

Es empfiehlt sich eine längere Pause an einer Mittelstation, hier lagern dann mehrere Gruppen gleichzeitig und es können Wettkämpfe zwischen zwei Gruppen stattfinden - eine schaut dann immer zu. Auch dies ist kommunikationsfördernd.

Zur Auswertung/Stationen

Auf jeder Station findet sich ein Mitglied des Festkomitees. Dieser muß Zeiten messen, die Aufgabe stellen. Hierfür wird er einiges an Utensilien haben, auch Firmenprodukte. Er hat ein Übersichtsblatt über die Ankunftszeiten der Gruppen und muß ggf. für Beschleunigung oder Warten sorgen.

Das Gruppenergebnis trägt er bei sich und in die Gruppenlaufzettel ein. Er wertet auch unmittelbar die Antwort auf eine Frage aus, die in der Teilnehmermappe auf der Wegstrecke zuvor stand, z. B. die Frage mit dem Kirchturmalter.

Gruppen, die zu früh ankommen, müssen in Entfernung warten.

Die Posten der einzelnen Stationen schließen sich beim Wandern der letzten Gruppe an und erreichen mit ihr das (den übrigen) unbekannte Abendziel. Dort wird dann das Tanzbein auch nach 10–20 km Wandern noch mächtig geschwungen.

Einige Gruppenaufgaben, z. B. einen schönen Blumenstrauß sammeln oder ein Stilleben zusammenstellen sind ein optimaler und kostenloser Beitrag zur Dekoration des Saales. Ggf werden sie am Abend von einer Jury bewertet.

2.9 Bewegungsübung „Unternehmensentwicklung"

Diese Übung kann gut auch im Sitzen beginnen.

„Der Mensch braucht (linken Arm mit rechter Hand entlang streichen)

täglich Vitamine (rechte Hand zum Mund führen).

Das Unternehmen braucht (rechten Arm mit linker Hand entlang streichen) ganz viel Energie (dazu die Hände reiben)

für schnelle Entwicklung und Veränderung (weiter reiben).

Es muß genau hingeschaut werden (Handwärme auf Augen übertragen, reiben) ...

auf Probleme, Chancen und mögliche Ziele ... und hingehört werden (Ohren reiben) in der Kommunikation mit den Menschen.

Und im Kopf (Kopf massieren) benötigen wir eine Vision und eine Strategie dafür und Bereitschaft zum Anpacken für Veränderungen. (Hände recken, V, Fäuste ballen, – Musik auf Spur 9 umschalten, Aufstehen, auf der Stelle marschieren)

Jetzt gehen wir mal in die Führungsetage des Unternehmens,

(linke Hand auf den Bauchnabel) ... hier ist das Zentrum ... und lockern hier mal das Denken (Kinesiologische Gehirnpunkte massieren, siehe Abbildung).

Diese Punkte bringen im Gehirn ein Gleichgewicht zwischen logisch-analytischem Verstand und kreativem, bildhaftem Denken und Emotionen.

Und nun wollen wir mal die Schwachstellen prüfen ...

(seitlich abwärts den Körper abklopfen, dann wieder innen nach oben gehen, auf halber Höhe sprechen)

Gehirnpunkte

Und hier ist wohl der strategische Engpaß (weiter nach oben klopfen, bis zur Brust). Aber da finden wir auch viele Stärken und Erfolgspotentiale (wie King-Kong fest auf die Brust trommeln, jetzt die Musik auf Spur 6 umschalten).

Wir müssen vielleicht mal kritisieren sollten aber viel loben (rechte Hand klopft, massiert Schulter und Nacken, dann Wechsel zur linken Hand).

Das ist Motivation für unsere gemeinsame Arbeit (umsehen, die Hände links und rechts nehmen).

Wir sprechen miteinander - kommunizieren, halten Kontakt.

Und wenn der Chef das alles macht (alle niederknien, evtl. Musik auf Spur 8 umschalten) ... dann kommt das Unternehmen zum Erfolg (hochspringen).

Musik: Viola CD 1, Spur 7 beginnen

2.10 Bewegungsübung „Beginn mit Händereiben"

1. (Handflächen reiben, bis Wärme entsteht) „Schön, wie es warm wird"

2. (Die Wärme auf das Gesicht übertragen, erst auf die Augenlider, dann die Stirn, die Wangen, die Nase, Ober und Unterlippen, Kinn)

„Diese Wärme übertragen Sie nun auf das Gesicht"

3. (Kopf und Haare massieren)

„Nun massieren Sie Ihr Gehirn, wenn die Frisur heute gerade zu schön ist, massieren Sie nur Ihren Heiligenschein über dem Kopf."

4. (Ohren massieren)

„Wie lange hat Ihnen niemand mehr die Ohren langgezogen. Das tun Sie heute selbst. Das bringt frisches Blut in die Ohren und Sie können bei dem folgenden Vortrag besser zuhören."

5. „Und nun die Herren mit dem rechten Arm auf die linke Schulter und den Nacken, die Damen mit dem linken Arm auf die rechte Schulter und den Nacken. Wie lange hat Ihnen niemand mehr anerkennend auf Schulter geklopft. Das tun Sie mal selbst heute reichlich. Und nun wechseln Sie: die Herren mit dem linken Arm auf die rechte Schulter. Die Damen mit dem rechten Arm auf die linke Schulter."

(Massieren und klopfen lassen. Dann nochmals kommentieren)

„Ich sage das extra verschieden an für Damen und Herren, das bringt mehr Spaß."

(Sie ernten manche Lacher)

6. „Und nun legen wir die linke Hand auf den Bauchnabel - stehen dabei wohl besser auf - und legen Daumen und Zeigefinger der rechten Hand auf die sog. Gehirnpunkte, unterhalb des Schlüsselbeins. Hier massieren wir." (siehe Abbildung)

7. „Und wenn wir einmal stehen, so geben wir uns selbst noch eine liebevolle Ganzkörpermassage. Mit beiden Händen gleichzeitig klopfen wir von oben, seitlich die Beine hinunter, bücken uns dabei bis wir unten ankommen. Dann geht es an der Innenseite der Beine wieder nach oben. Auseinander bevor es gefährlich wird, dann über den Bauch, die Brust - King-Kong hat das auch gemacht - und sind ganz frisch und entspannt wieder da in dieser Tagung . . ."

Diese Übung integriert kinesiologische Elemente und ist schon fast in eine Geschichte eingepackt. Sie benötigt keine Musik und wenig Platz.

2.11 Bewegungsübung: „Der Mensch braucht bzw. toller Hirsch"

(Alle aufstehen lassen) „Bitte sprechen Sie mir nach mit der entsprechenden Bewegung"

(Linken Arm waagerecht ausstrecken, mit rechter Hand von Außen nach Innen streichen) „Der Mensch braucht"

(Lippen schürzen, beide Hände nebeneinander zum Mund führen und wie eine Zange öffnen und schließen) „Täglich Vitamine"

(Arme über der Brust kreuzen und verneigen) „Und für seine Seele"

(Hände streichen über die Wangen) „Ganz viel Streicheleinheiten"

(Rechte Hand klopft auf linke Schulter und Nacken) „Und viel Lob und Anerkennung"

(Wiederholen mit linker Hand) „Und wenn das alles so klappt"

(Nun in die Hocke gehen) „Dann bin ich ein toller Hirsch" (Hochspringen)

Dauer: 2-3 Minuten

Teilnehmerzahl: unbegrenzt

Platzbedarf: etwas größer, weil Sprung am Schluß

Musik: ohne

Diese Übung ist eher am Schluß einer Tagung/eines Workshops zu empfehlen, weil Begeisterungsenergien freigesetzt werden.

Variante: bei Managementumfeld: Letzter Spruch ist „Dann kommen wir zum Erfolg". Überhaupt kann dieser Schlußsatz je nach Teilnehmerkreis und Seminar variiert werden.

2.12 Übersicht der wichtigsten Regeln für GTG

Für das Tagungsprogramm

- ○ Stammgruppen gleich zu Beginn konstituieren
- ○ Symbole verstärken die Integration
- ○ Raum der Stammgruppe so herrichten, daß eine Insel der Ruhe und eine Heimstatt entsteht
- ○ Übergangszeiten einplanen
- ○ Bei sich wiederholenden Workshops Treffen der Stammgruppe nach jeder Runde
- ○ Auch Abschiedstreffen der Stammgruppe einplanen
- ○ Maßnahmen für die Atmosphäre (3. Dimension) einplanen

Für Helfer, Betreuer, Referenten

- ○ Zeiten einhalten
- ○ Verschiebungen schnell in allen Räumen bekanntmachen
- ○ Auf gleichmäßige Besetzung der Stammgruppen beim Einchecken achten
- ○ Referenten vorher und während der Tagung beraten
- ○ Referenten auf aktivere Teilnehmer vorbereiten
- ○ Kennenlernaktion in den Stammgruppen

Zur Info der Teilnehmer bei der Tagung

- ○ Zweck der Stammgruppen
- ○ Ermunterung zum Austausch
- ○ Persönlichen Empfang organisieren (Atmosphäre)
- ○ Gute Beschilderung

2.13 Tips für Seminar- und Tagungsteilnehmer zur Förderung von Konzentration und Aufmerksamkeit

Allgemein

○ Machen Sie sich systematisch Notizen vom Vortag z. B. mit Mind-Mapping.

○ Sitzen Sie im Plenum möglichst vorne, das fördert durch die Nähe zum Referenten die Aufmerksamkeit. Gehen Sie mit Ihrem Bewußtsein direkt auf den Referenten, wenn Sie konzentriert zuhören wollen.

○ Lassen Sie beim Zuhören innere Bilder kommen, das fördert die Behaltenswirkung (Memotechnik).

○ Tragen Sie die Iden, die spontan assoziativ beim Vortrag kommen, sofort in Ihr Zeitplanbuch ein.

○ Übernehmen Sie Verantwortung für sich selbst. Überspringen Sie bei linearem Ablauf auch mal einen Programmpunkt, schauen Sie dafür im Foyer die ggf. vorhandene Infoausstellung an und führen Sie Gespräche mit anderen Teilnehmern.

○ Sprechen Sie auf der ganzen Tagung mit möglichst vielen anderen Teilnehmern. Schließen Sie neue Bekanntschaften.

○ Es empfiehlt sich, das Feedback-Formular gut zu nutzen, um sich ein Ventil zu verschaffen.

Ernährung

○ Verzichten Sie bei Wahlmöglichkeiten beim Essen auf das Fleich, weil dessen Verdauung am meisten müde macht. Essen Sie zumindestens nicht die volle Fleischmenge vom Teller. Ernähren Sie sich bei Buffets mehr mit Salaten und Gemüse.

○ Generell empiehlt die Kinesiologie*), viel Wasser zu trinken. Denn das Durstgefühl bleibt hinter dem Wasserbedarf des Körpers zurück. Beim Lernen und Zuhören ist Wasser notwendig, damit das Netzwerk unseres Nervensystems sich weiter entwickeln kann.

Fit halten durch Bewegung

○ Sorgen Sie für möglichst viel eigene Bewegung, gehen Sie viel zu Fuß, benutzen Sie die Treppe statt des Lifts.

○ Wenn Sie in Ihrem Zeitplanbuch ein Blatt mit Bewegungsübunghen im Sitzen (siehe S. 189) führen, so können Sie diese „unauffällig" auf Ihrem Stuhl durchführen und sich dadurch frisch und aufmerksam halten.

○ Besonders förderlich ist die kinesiologische Übung „Denkmütze". Hierzu ziehen Sie die Ohren mit Daumen und Zeigefinger sanft nach hinten und falten sie aus. Reiben Sie die Ohrmuschel von oben nach unten, massieren diese dabei vorne und hinten gleichzeitig.

Zwei weitere aufmerksamkeits- und konzentrationsfördernde Techniken aus der Kinesiologie*) sind:

○ Malen Sie liegende Achten auf einem Blatt oder mit der Hand in der Luft.

○ Die mentale Übung: Stellen Sie sich mit geschlossenen Augen ein X vor und vergleichen Sie die Symmetrie des Buchstabens mit dem eigenen Körper.

*) Kinesiologie ist die Lehre von der Wirkung der Bewegung auf den Zustand des Körpers. Dennison, Brain-Gym® im Büro, VDU-Verlag Freiburg

Fit bei Tagungen/Besprechungen/ Seminaren

Bitte heften Sie dieses Blatt in Ihr Zeitplanbuch, ggf. verkleinert. Die Anwendung kann Ihnen viel Nutzen bieten, aber nur, wenn Sie das Blatt immer bei sich führen!

Mit diesen einfachen Übungen können Sie sich fit halten und der Müdigkeit durch langes Sitzen entgegenwirken. Bei den ersten 4 Übungen atmen Sie beim isometrischen Spannungsaufbau ein, halten den Atem kurz an, dann atmen Sie bei der Spannungslösung aus. Bei den beiden letzten, rein kinesiologischen Übungen, ist es genau gegenteilig.

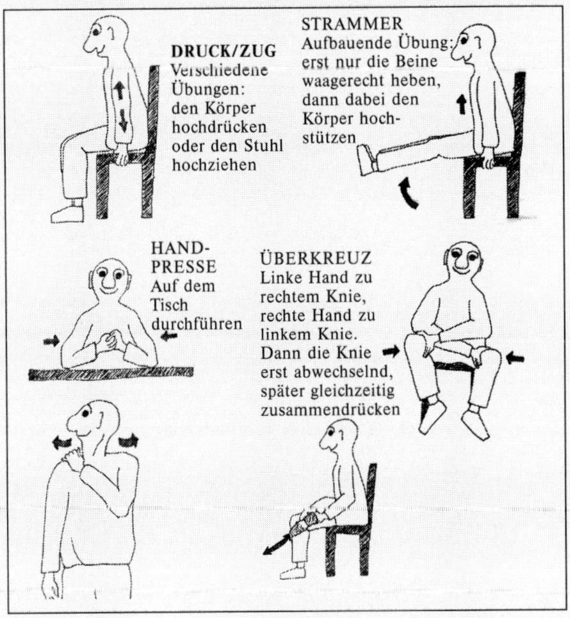

EULE

Linke Hand auf rechte Schulter legen und dort zusammendrücken. Tief einatmen, dann während des Ausamtens den Kopf nach rechts drehen, bis Sie über die rechte Schulter nach hinten schauen können. einatmen und dabei den Kopf zur Mitte drehen. Ausatmen und Kopf soweit drehen, daß Sie über die linke Schulter nach hinten schauen können. Einatmen und Kopf zur Mitte drehen. Ausatmen und dabei den Kopf nach vorn neigen, Kinn zur Brust ziehen. Einatmen während Sie den Kopf wieder anheben. Dies 2–3 mal wiederholen, dann die Hand wechseln und Zyklus umgekehrt wiederholen.

FUSSPUMPE

Rechtes Fußgelenk auf das linke Knie legen. Dann die rechte Hand am Ende des Wadenmuskels vor dem rechten Knie plazieren. Die linke Hand hält die Achillessehne direkt hinter dem Knöchel. Bewegen Sie nun den Fuß fünfmal oder öfter auf und ab; die Hände bleiben dabei fest in den Positionen. Achten Sie auf das Längen und Entpannen der Muskel. Bevor Sie diesen Bewegungsablauf mit dem anderen Bein entsprechend wiederholen, stellen Sie beide Füße auf den Boden und achten Sie auf die unterschiedlichen Empfindungen in beiden Beinen.

3 Hilfreiche Adressen

Moderatoren mit ganzheitlicher Ausbildung finden Sie insbesondere bei:

DGSL, Deutsche Gesellschaft für suggestopädagogisches Lehren und Lernen

Eichenstraße 13, 85457 Hörlkofen, Tel. & Fax 0 81 22-1 34 02

eMail dgsl@compuserve.com

Darüber hinaus sind noch folgende Verbandsadressen nützlich

IAK Institut für Angewandte Kinesiologie

beim VAK, Eschbachstraße 5, 79199 Kirchzarten, Tel. 0 76 61-98 71 99, Fax 0 76 11-98 71 50

DVNLP, Deutscher Verband für Neuro-Linguistisches Programmieren

Schwanenwall 2, 44135 Dortmund, Tel. 02 31-52 60 10, Fax 02 31-52 60 11

e-Mail. ArgeNLP@nlp.de, Internet: www.nlp.de

BDVT, Bundesverband Deutscher Verkaufsförderer und Trainer

Hohenzollernring 48, 50672 Köln, Tel. 02 21-25 31 21, Fax 02 21-25 31 34, eMail BDVT.Koeln@t-online.de, Internet. bdvt.com

GABAL e.V. Netzwerk Lernen

Hafenstraße 171/10, 55118 Mainz

Tel. 0 61 31-61 40 10, Fax 0 61 31-61 40 30,

eMail: gabalev@t-online.de, Internet: www.gabal.de

Agenturen, die Veranstaltungsräumlichkeiten besorgen und weitere Informationen bereithalten:

Deutsches Kongreßbüro (GCB), Münchener Straße 48, 60239 Frankfurt

Tel. 0 69-242-930-0, Fax 0 69-242-930-26,

eMail: info@gcb.de, Internet www.gcb.de

UT Marcus Wiesner & Partner

Tel. 06 71-84 08 00, Fax 06 71-8 40 80-11

Waller-Verlag

Tel. 0 89-8 00 28 62, Internet: waller.de

Intergerma

Tel. 0 23 81-7 50 38, Internet: intergerma.com

Event-Agenturen

Adressen finden sich insbesondere in der Zeitschrift Motivation.

Behilflich dabei ist auch das „Forum Marketing-Event-Agenturen“, Fax 0 52 42–94 54 10, e-Mail famab@t-online.de.

Zeitschriften, die es am Kiosk gibt:

Wirtschaft & Weiterbildung, ManagerSeminare, Management & Seminar, Aquisa, Sales Profi.

Zur Open-Space-Technik

EBUS, Institut für Entwicklungsberatung und Supervision
Ingrid Ebeling, Königstraße 53 a, 30175 Hannover, Tel. 05 11–3 36 03 30, Fax 05 11–3 36 03 47.

Zu Grid und IGL:

Deutsches GRID-Institut, Herzogswall 8, 45657 Recklinghausen,
Tel. 0 23 61–92 78–0, Fax 0 23 61–92 78–78

IGL GmbH, Kaiser-Wilhelm-Str. 13, 42855 Remscheid, Tel. 0 21 91–88 39–0, Fax 0 21 91–88 39–30

4 Weiterführende Literatur

Zur Methode des Instrumentierten Gruppenlernens (IGL)

○ Blake, Robert R. und Mouton, Jane S., Instrumented Team Learning, A Behavioral Approach to Student-Centered Learning, Scientific Method, Austin, TexaP1975. Deutsche Übersetzung: Instrumentiertes Lernen in Gruppen, Vogel Verlag 1978

○ Holzer/Eigenschink-Holzer, Miteinander besser lernen, Handbuch für Trainer&Lehrende, GABAL Verlag 1994

○ Blake, Robert R. und McCause, Das Grid-Führungsmodell, Econ Verlag

Spezielle Organisationsformen von Tagungen und Großgruppen

○ Barnett, Charles und Gilmore, Thomas N., Designing the Social Architecture of Participation in Large Groups to Effect Organizational Change, The Journal of Applied Behavioral Science, Vol. 28 No. 4, December 1992, 534–548.

○ zur Bonsen, Matthias, Führen durch Visionen, Gabler Verlag, Wiesbaden, 1994

○ Drescher, Ulrich Martin, Die ganze Zukunft in einem Raum, Trainer-Kontakt-Brief, Herausgegeben vom Trainertreffen Deutschland, Diekholzen, 12/97

○ Ebeling, Ingrid, Open Space, in: Grundlagen der Weiterbildung, Praxishefte, 7.30.10.3, 27. 2. 1998, Luchterhand Verlag

○ Ebeling, Ingrid, Organisationstransformation, Eine internationale Konferenz als Beispiel, in: Greif, Siegfried/Kurtz, Hans-Jürgen (Hrsg.) Handbuch Selbstorganisiertes Lernen, Verlag für Angewandte Psychologie, Göttingen, 1996

○ Owen, Harrison, Open Space Technology, A Users Guide, Abbot Publishing 1992.

○ Senge, Peter u. a., Fieldbook zur Fünften Dimension, Klett-Verlag 1997

(Das Arbeitsbuch zum Bestseller „Die fünfte Dimension“)

○ Weisbord, Marvin R., Future Search, An Action Guide to Finding Common Ground in Organizations and Communities, Verlag Berett-Köhler, San Francisco 1995

Tagungs- und Konferenztechnik

○ Cotterel, Peter, Conferences. An organizer's guide, Hodder & Stoughton 1994

○ Feiter, Claudia, Konferenzen professionell organisieren, Gabler Verlag 1995

○ Mehrmann, Elisabeth und Plaetrich, Irmhild, Der Veranstaltungsmanager, Beck Verlag, dtv Nr. 5867, 1993

Suggestopädie, NLP, Bewegung

○ Dennison, Brain-Gym im Büro, Verlag für Angewandte Kinesiologie, Freiburg, 1966

○ Müller, Rudolf, Erfolgreich lehren mit Bewegung, AOL-Verlag, Lichtenau, 1999

○ Robbins, Antony, Das Powerprinzip, Grenzenlose Energie, Heyne-Verlag, München, 8. Auflage, 1995

○ Ulsamer, Bertold, NLP für Einsteiger, Neuro-Linguistisches-Programmieren leicht gemacht, GABAL-Verlag, Offenbach, 7. Auflage 1995

○ Wagner, Hartmut, Viola - Musik für lebendiges Lernen, PLS Verlag, Bremen, 1993 (Heute vertrieben vom JÜNGER-Verlag, Offenbach), Trainerhandbuch mit 5 CDs.

○ SKILL-Autorenteam, Kreativ lehren und lernen, GABAL-Verlag, Offenbach 1995

Präsentation, Moderation, Rhetorik

○ Frank, Miles O., Das 30-Sekunden-System, Wie es Ihnen gelingt, in einer halben Minute Ihren Standpunkt zu vertreten, mvg-Verlag Landsberg, 1987

○ Gelb, Michael J., Sich selbst präsentieren, GABAL Verlag, 1996 (Früherer Titel: überzeugend reden)

○ Heigl, Peter, Sprechen Sie sicher, Jünger Verlag

○ Küstenmacher, Werner Tiki, je 9 Folien zu den Themen Bewegungsübungen, Kundenorientierung, Business-Weisheiten, Wissenswertes, Ankündigungs-Folien, Jünger Verlag, Offenbach, 1997

○ Rock, Gerhard, Präsentieren mit Power, mvg-Verlag, 1995

○ Scheler, Uwe, Die Präsentationsmedien, Folienprogramm, Jünger Verlag

○ Scherer, Reden müßte man können, GABAL-Verlag, Offenbach, 3. Auflage 1994

○ Seifert, Josef, Visualisieren-Präsentieren-Moderieren, GABAL-Verlag, Offenbach, 8. Auflage 1995

○ Seifert, Besprechungsmoderation, GABAL-Verlag, Offenbach 1994

Sonstiges

○ Buzan, Tony, Kopftraining, Anleitung zum kreativen Denken, Goldmann Ratgeber, München, 6. Auflage 1989

○ Kirckhoff, Mind Mapping, Einführung, GABAL Verlag, Offenbach

○ Lucas, Manfred, Hören, Hinhören, Zuhören, GABAL-Verlag, Offenbach

○ Svantesson, Mind-Mapping und Gedächtnistraining, Die Synthese von sprachlichem und bildhaftem Denken, GABAL-Verlag, Offenbach

5 Glossar

Centering

Fantasiereise zu Beginn einer Veranstaltung, die den Teilnehmern ein Umschalten von Reisestreß und Einstimmung auf das Kommende mit Entspannung und Musik ermöglichen soll. Bewährt in ganzheitlichen Seminaren.

Energetischer Prozeß

Bezeichnung für Schrittfolge zur gleichzeitigen Aktivierung der Gehirnhälften (rational + emotional) für Planungen, die Kreativität und spätere Umsetzungsenergie erfordern.

1. Kognitive Bearbeitung, Planung, Überlegung, Formulierung
2. Bewegungsphase (Puls auf über 130 bringen)
3. Fantasiereise
4. ggf. Malen
5. Texten
6. Präsentation

Entspannung

Teil von Fantasiereisen und energetischen Prozessen, fängt die Aufmerksamkeit des Bewußtseins durch Beschreibung eines mentalen Bildes vom Sprecher auf, wodurch sich der Geist entspannt. Fällt Ungeübten leichter nach vorheriger intensiver Bewegung. Eine ganz einfache Form ist die progressive Muskelentspannung nach Jacobsen. Das sog. Autogene Training erfordert mehr Übung und auch Konzentration.

Integration

Fantasiereise am Ende einer Veranstaltung, die den Teilnehmern eine Wiederholung des Erlebten zur besseren Verankerung ermöglichen soll. Bewährt in ganzheitlichen Seminaren.

Kinesiologie

Wissenschaft, die sich mit den Muskeln befaßt und lehrt, wie man diese ausbalanciert, um das Gleichgewicht wiederherzustellen und Energie besser fließen zu lassen. Eröffnet eine neue Perspektive für Lehren und Lernen. Bestimmte Bewegungsübungen sind für bestimmte geistige Vorgänge, z. B. Zuhören, Reden, Lesen besonders förderlich.

Lernende Organisation

Begriff aus den Management-Techniken. Bezeichnet eine Unternehmung oder sonstige Organisation, die in der Lage ist, sich durch laufende interne Veränderungen an den Wandel des Umfelds anzupassen. Bezieht sich inbesondere auf die Lernbereitschaft der Menschen.

Mind-Mapping

Gehirngerechte Notiz- und Planungstechnik, die nicht-linear ist und einen assoziativen Überblick über Zusammenhänge oder ein Thema verschafft. Am Ende jeden Kapitels befindet sich ein Mind-Map.

NLP

Abkürzung für „Neuro-Linguistisches Programmieren". NLP behandelt den erfolgreichen Umgang mit Menschen. Es beschreibt die zwei Bereiche Verstehen und Verändern und vermittelt:

1. Die Kunst, seine Mitmenschen zu verstehen und sich bei ihnen verständlich zu machen.
2. Die Kunst, bei sich selbst und bei anderen positive Veränderungen in Gang zu setzen.

Definition von B. Ulsamer. Wichtige Elemente sind z. B. Ziele, Wahrnehmung, Flexibilität, Ressourcen.

Suggestopädie

Ganzheitliche Trainingsform, die das Ansprechen aller Sinne des Teilnehmers in den Vordergrund stellt, bewußt stimmungsbeeinflussende und kreative Elemente einbaut und auf Sensibilität des Trainers/Referenten für das Befinden des Teilnehmers großen Wert legt.

Synergie

Das Bestreben, in einer Gemeinschaft von Menschen ein besseres Ergebnis zustandezubringen als es der beste Einzelkämpfer kann. Das Ergebnis kann eine Entscheidung oder eine Arbeitsleistung sein. Bei letzterer muß das Ganze mehr sein als die Summe der Teile.

Vision

Ist Kompaß und Antriebsquelle in einem. Es kommt dabei weniger auf die genaue druckreife Formulierung als auf die davon ausgehende Faszination und Gespräche darüber an. Dabei muß der Inhalt der Vision zu den Kernkompetenzen des Unternehmens und den Bedürfnissen der Zielgruppe passen, damit die Energie in die erfolgreiche Richtung gelenkt wird.

Zukunftskonferenz

Eine Veranstaltungsform mit bis zu 72 Teilnehmern, die alle gleichzeitig im Raum vorzugsweise an der Zukunftsvision der Organisation arbeiten. Dadurch entsteht eine starke Energie und Motivation in den Teilnehmern (Empowerment).

6 Stichwortverzeichnis

Abendprogramm 108 f.
Abstimmgerät 31
Aerobic 101
Atmosphärische Dimension 27
Atmosphäre 24, 54, 85, 86, 116, 187

Bauchredner 27
Begleitende Ausstellung 109
Behaltensanker 29
Berichtsgruppe 44
Besprechung 16
Betreuung 131
Betreuungsmoderator 122
Betriebsfest 80
Betriebsversammlung 79
Bewegung 22, 100, 162, 188
Bewegungsübung 104, 112, 184

Einzelarbeit 31, 33
Event 19, 27, 46, 75 f., 80, 142

Fantasiereise 29, 94, 162, 195
Feedback 121, 127
Feedbackbogen 143
Feedback-Formular 121, 168
Feedback-Phase 112
Fishbowl 35 ff.
Folienschlacht 28

Ganzheitlichkeit 16
Gehirnstimulierung 30
Give-Away 21, 106, 131
Goldfischglas-Methode 35 ff.
Gruppenarbeit 32 f., 163

Handpuppe 27
Helfer 126 f., 130, 164

Infoboard 22 f., 48, 54
Infomarkt 32
Informationsinput 93
Informationsmarkt 43
Instrumentiertes Gruppenlernen 11, 83
Integration 112, 181, 195
Interaktion 30
Interessengruppe 86

Ja-Aktion 101

Kalkulation 129, 152
Karikatur 28, 163
Kennenlernaktion 105, 106, 116, 187
Kennenlernübung 57, 156
Kinesiologie 102, 178, 188, 195
Klebepunkt 23, 90
Klebepunktmethode 31
Kleingruppe 22, 31, 33, 112
Kommunikationsmarkt 32, 40, 77, 85
Konferenz 16
Kongreß 19
Kontrollselektion 95
Ko-System 92

Lacherfolie 180
Lernende Organisation 75, 78, 129, 195

Marketing 76, 128
Mentale Phase 29
Mentale Integration 112
Mind-Map 43, 69, 86, 159, 162
Mind-Mapping 188, 196
Mind-Mapping-Methode 107
Mitgliederversammlung 79
Mixgruppe 71, 94
Moderation 52
Moderationstechnik 31
Moderator 34, 58, 62, 65, 83 f., 86, 105, 126, 132, 141, 153 f.
Monitoring 52, 72
Morgenprogramm 109
Motivation 75, 80 f., 83, 85, 129, 185
Motivationspersonal 27
Motivationstag 19
Multiple-Choice-Fragebogen 82
Musik 21, 151, 162

Nachseminar 123
Namensschild 53, 56, 118, 151, 155

NLP 11, 88, 196

OH-Folie 28
OST 46 ff.

Parallele Vertiefungsdiskussion 34
Pausenübergangszeit 132
Pausenzeit 122
Persönliche Begrüßungsworte 27
Persönlicher Empfang 116
Podiumsdiskussion 19, 35 f.
Poster 21, 43, 54, 56, 110, 162
Potential 21, 46, 100, 142 f.
Projektgruppe 88

Qi-Gong 102
Querinformation 40, 42 f., 47, 52, 68, 71, 108, 111

Rahmenprogramm 108
Rangfolge 69
Raumdekoration 110
Referent 30, 34, 41, 118, 120, 122, 125, 131 f., 141, 160, 174
Referentenbetreuung 29, 34, 159
Referentenecke 22
Referentenvorstellung 41
Reflexion 30
Requisit 178
Ressourcen 16
Rhythmisierung 22
Road-Show 77

Schlußplenarveranstaltung 45, 111 f.
Selbstorganisation 46, 76, 145
Sketch 21, 27, 32, 55, 87, 163, 174
Sozialform 17
Stammgruppe 51, 56, 80, 83, 86, 91, 123, 132, 154, 187
Standing Ovations 104, 113
Stationeninput 32
Stationenlernen 43
Stimmungsbarometer 64, 156, 158, 164, 167
Suggestopädie 11, 17, 196
Symbol 54, 56, 60, 182, 187
Synergie 90, 196
Systematische Plenumsteilgruppe 34

Tages-Rahmenprogramm 108
Tagungsart 13
Tagungsbüro 117
Tagungsende 111
Tagungsform 18, 113, 143
Tagungsinhalt 19
Tagungsmappe 120, 126, 151, 161, 166
Tagungstechnik 110
Tagungsziel 13, 16, 20, 26, 53, 75, 142, 144
Tai-Ji 102
Team-Entwicklungsprozeß 78
Technik 162, 165
Teilgruppen im Plenum 34
Teilnehmerempfang 116
Teilnehmermappe 183
Teilnehmerziel 20
Themenecke 22
Themenfeld 70

Übergangszeit 122
Unternehmens-Entwicklungsprozeß 88

Veranstalter 15
Verdichtungsgruppe 63, 66, 69, 111
Vertiefungsdiskussion 34
Vision 71, 75, 78, 84, 87, 196
Visualisierung 29, 48
Vorabendprogramm 108
Vorseminar 123
Vortrag 16, 26
VPG 90 ff., 169 f.

Workshop 39, 46, 51, 58, 61, 82, 131, 156, 173, 187

Zeitplan 171
Zeitplanung 121
Zielsetzung 125
Zukunftskonferenz 85 f., 196
Zwischenfrage 30

1-Minuten-Präsentation 178

Institut für
Unternehmensentwicklung
Dr. Rudolf Müller

Spitzsteinstraße 24
83229 Aschau-Sachrang
Fon 08057-578, Fax -584
eMail: Dr.Rudolf.Mueller#t-online.de

Kurzbiographie

Studium der Betriebswirtschaft in München, Dissertation 1970. 20 Jahre geschäftsführender Gesellschafter in mittelständischen Unternehmen (Elektroindustrie und Verlag). Tätigkeitsschwerpunkte: internationales Marketing und Vertrieb, sowie Personal- und Organisationsentwicklung.

Daneben Trainerausbildungen (u. a. Suggestopädie, NLP), Organisation vieler Tagungen und Kongresse für eine ganzheitliche Gestaltung.

Schwerpunkt ist die Umsetzung der ganzheitlichen, kreativ-aktiven Lehr- und Lernmethoden auf betriebswirtschaftliche Themen zur Beschleunigung des Prozesses von Lernen und geistigem Arbeiten und zur Erhöhung der Transferenergie.

Dr. Müller lebt in Aschau, südlich des Chiemsee. Er leitet das Institut für Unternehmensentwicklung.

Vision

Die Vision von Dr. Müller ist, daß in den fortwährenden Prozessen individueller Veränderungen und Entwicklung in der Wirtschaft und in den Unternehmen die Basis für eine Beschleunigung der menschlichen Entwicklung liegt.

Der Wettbewerb zwingt die Unternehmen, zunehmend in den Faktor Mensch zu investieren. Dies wird neben dem Firmenerfolg auch gesellschaftliche Prozesse in Gang bringen, die in ihrem Ausmaß und ihrer Wirkung heute noch nicht gesehen werden.

So sind die Unternehmen der dynamischste Bereich der Gesellschaft für Veränderungen des Menschen. Darin liegt sowohl Verantwortung als auch Chance.

Diese Vision ist die Basis für die Arbeit des Instituts: erfolgreiche Unternehmen entwickeln das Potential der in ihnen tätigen Menschen.

Leistungsangebot

Strategische Unternehmensentwicklung
Moderation firmeninterner Klausuren mit ganzheitlichen Methoden, ausgerichtet an den Sachthemen. In 6 Monaten verändern sich das Unternehmen und Ergebnisse.

Coaching
Unternehmer und Firma.

Train-the-Trainer
Seminare in ganzheitlicher Methodik für Trainer.

Lebensvision und Selbstmanagement
Öffentliche Seminare zur Klärung von Lebenszielen und Umsetzungsenergie, unter spezieller Berücksichtigung von Zeitplanung, Selbstmanagement, Strategie. Baustein für die „Lernende Organisation".

Tagungen
Nutzung und Stimulierung des Potentials der Teilnehmer (GTG-Prinzip). Bessere Erreichung der Tagungsziele.